KB134111

고교생이 알아야 할

지구과학 스페셜

EARTHSCIENCE SPECIAL

이석형(전 경기과학고 지구과학 교사) 지음

좋은 책 좋은 독자를 만드는—
㈜신원문화사

머리말

지구과학이란 우리가 살고 있는 지구와 우리가 속한 우주에서 일어나는 자연 현상 그 자체를 다루는 것입니다. 즉, 공간적으로는 편광현미경을 이용한 원자 단위에서부터 천체 망원경을 이용한 거대한 우주까지, 시간적으로는 혜성의 목성 충돌 시각 예측 계산과 같은 찰나의 순간에서부터 우주의 탄생에서 종말까지와 같은 광대한 시공간을 다루고 있습니다.

찰나의 순간의 참 의미를 앎으로써 시간의 소중함을 느끼게 될 것이며, 우주의 광활함을 앎으로써 겸허한 마음과 함께 우리가 이 세상에 존재하는 의미를 되새기게 할 것입니다.

이처럼 지구과학적인 제 현상을 배우고 느끼는 일은 단순히 진학을 위한 학습에 머물지 않으며, 여러분의 삶의 향상에 직접적 또는 간접적으로 이바지하게 될 것입니다.

아무쪼록 이 책을 읽는 동안 지구과학적인 제 현상의 이해와 함께 차근차근 생각하는 습관을 얻기를 바라며, 동시에 다양한 활동 분야를 발견하고 자연을 이해하는 커다란 눈을 얻게 되어 여러분들의 삶에 좋은 이정표가 되기를 바랍니다.

이 석 형

차 례

EARTHSCIENCE SPECIAL

EARTHSCIENCE SPECIAL

고교생이 알아야 할

지구과학 스페셜

EARTHSCIENCE SPECIAL

T·H·E·M·E **1**

지구의 크기 측정

읽기 전에

오늘을 살고 있는 우리는 지구가 둥근 모양이라는 것을 당연한 사실로 받아들인다. 또한 인공위성에서 찍은 사진을 보아도 의심할 여지가 없다. 그러나 인공위성이 없던 시대에 지구가 둥글다는 사실을 어떻게 알았을까? 이 장에서는 우리 인간이 살고 있는 지구는 어떤 모습이며, 그 크기와 모양이 알려진 과정에 대해서 알아보자.

지구는 우리 인간이 탄생해 살고 있을 뿐만 아니라 수백만 종 이상의 생명체가 태양계 내의 독특한 이곳에서 진화돼 왔다. 지구상에서 태어나 진화해 온 인간은 과학적 연구를 통해 오늘날의 지구를 탐험할 뿐만 아니라 지구가 어떻게 형성됐으며 최초에는 어떠한 모습이었고 어떻게 오늘날까지 진화돼 왔는가를 캐내고 있다. 인간의 위대함을 새삼 엿볼 수 있다.

1. 인간이 만질 수 있는 가장 큰 물체

인간이 만질 수 있는 가장 큰 물체는 무엇일까? 바위, 산, 63빌딩……. 우리가 인식하지 못할 뿐이지 주저앉아 땅을 만지는 사람은 가장 큰 물체를 만지고 있는 것이 된다. 그러면 지구는 과연 얼마나 클까?

지구의 모양에 대한 고대인의 생각은 대체로 평평하다고 생각한 지구와 구형이라고 생각한 지구로 요약될 수 있다. 거대한 지표의 미소한 점에 불과한 인간에게 지표는 평평하게 보이므로 일반인에게 지구는 평평한 것으로 믿어졌을 것이며, 일부 관심이 있는 지식층들만이 지구 모양이 구형인 것으로 믿었을 것이다.

지구 모양에 대한 인식의 변천은 피타고라스와 태양 중

심설을 최초로 주장한 아리스타르코스로부터 살펴볼 필요가 있다. 아리스타르코스가 저술한 《태양과 달의 크기와 거리》는 오늘날까지도 남아 있다.

> **아리스타르코스**
> (Aristarchos ho Samos, 310?~230? B.C.)
> 고대 그리스의 수학자 · 천문학자. 사모스섬에서 태어난 지동설의 선구자로서 지구의 자전 · 공전을 주장하고, 태양과 달과의 거리의 비를 측정했다.

그는 이 책에서 반달일 때 태양 · 달 · 지구가 직각 삼각형을 만든다고 가정했다. 즉 달은 태양빛을 반사해 우리에게 보이는 것이므로 지구에서 정확히 반달로 보일 때는 지구와 달을 잇는 선분 OM과 달과 태양을 잇는 선분 MS가 직각을 이룰 것이므로, 이것을 근거로 지구—태양, 지구—달의 상대적 거리는 지구에서 태양을 연결한 선분 OS와 지구에서 달을 연결한 선분 OM 사이의 각을 측정해 거리를 측정하려고 시도했다.

그는 실제로 반달일 때 태양과 달 사이의 각을 측정해

❙ 아리스타르코스의 태양 거리측정 ❙

➡ 선분 OM과 OS가 87°가 되도록 직선을 그어 만나는 곳이 태양의 위치가 된다.

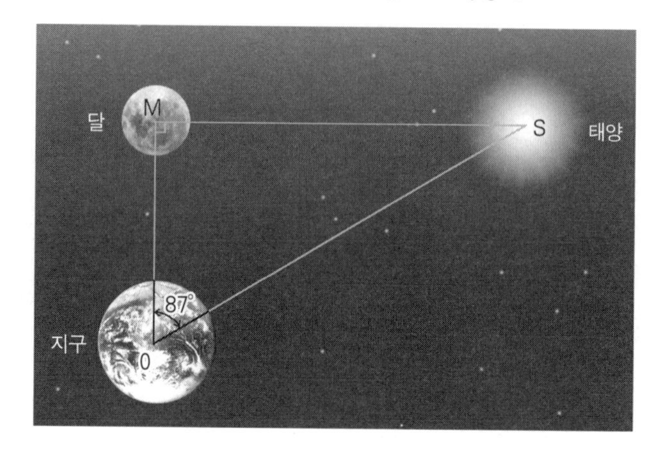

87°를 얻었으며 이를 이용해 다음 그림과 같이 작도한 결과 지구에서 태양까지의 거리는 지구에서 달까지 거리의 19배라는 값을 얻었다. 그러나 실제 각도는 이보다 훨씬 커서 지구에서 태양까지 거리는 지구에서 달까지 거리의 약 4백 배에 해당한다. 이것은 당시 그의 관측 오차에서 비롯된 것으로 생각된다.

❙ 태양의 크기 ❙

➡ 지구에서 태양까지의 거리는 지구에서 달까지의 거리의 19배이므로 비례식으로 태양 크기는 달 크기의 19배가 된다.

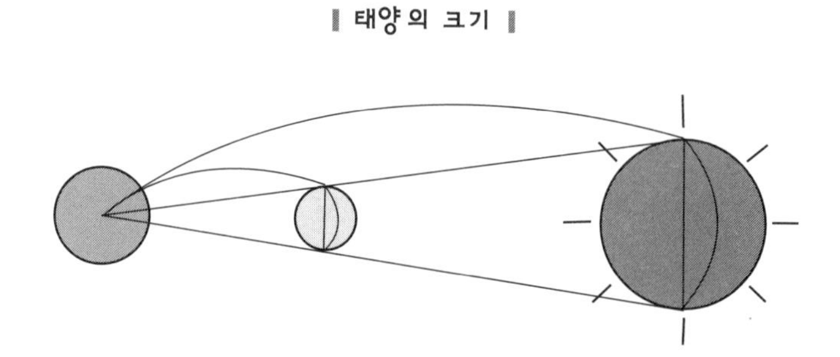

또한 그는 달이 태양을 가려 보이지 않게 되는 개기일식 때 달이 태양과 꼭 맞게 겹쳐지는 사실에 착안하여 지구에서 태양까지 거리는 지구에서 달까지 거리의 19배이므로 태양 지름은 달 지름의 19배라고 추정했다.

뿐만 아니라 지구 그림자 안으로 달이 들어가 보이지 않게 되는 월식을 근거로 지구 그림자 모양(달이 가려지는 모습)에서 지구 지름을 추산해 지구는 달의 3배에 해당한다고 생각했다. 이를 종합해 그는 태양 크기는 지구의 7배 정도가 된다고 주장했다. 그러나 태양의 실제 크기는 지구의 109배이다.

부분 월식

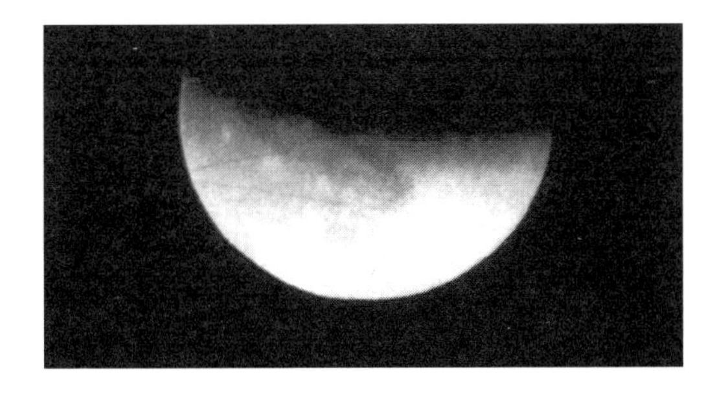

달에 비친 그림자는 지구의 일부분이므로 이를 연장해 지구 모습을 그려보고 달 크기와 비교해 보자.

2. 에라토스테네스의 지구 크기 측정

이처럼 태양과 달의 실제 크기와 지구에서의 거리를 추

에라토스테네스 (Eratosthenes, 275?~194? B.C.) 고대 그리스의 천문 지리학자. 하지(夏至) 때 태양의 고도에 의하여 지구의 둘레를 추산하였다.

산하는 데에는 지구 크기를 정확히 알 필요가 있었는데, 지구 크기의 정확한 측정은 알렉산드리아의 무세이온 도서관장이었던 에라토스테네스에 의해 행해졌다.

그는 알렉산드리아의 도서관에서 남부 이집트의 시에네에 수직으로 깊이 파인 우물이 1년에 한 번씩 정오의 태양빛을 받고 밝아진다는 이야기를 읽었다. 에라토스테네스는 이것은 태양이 바로 머리 위에 와서 그 빛이 우물 바닥을 비추기 때문인 것으로 여겼다.

한편 시에네의 거의 곧바로 북쪽에 있는 알렉산드리아에서는 같은 날 정오에 수직으로 선 물체가 그림자를 던지는 것으로 보아 태양이 똑바로 머리 위에 있지 않음을 알았다. 이미 이 시기에는 지리학의 발달로 대략적인 경도와 위도의 개념이 도입돼 지도가 작성되던 시기였음을 주목해 볼 때, 같은 경도상에 있으므로 거의 북쪽에 있음을 아는 것은 손쉬운 일이다.

그래서 에라토스테네스는 두 개의 가정, 즉 지구는 구형이며 태양 광선은 두 지점에 평행하게 도달한다는 것을 토대로 다음과 같이 지구의 크기를 측정했다.

그는 알렉산드리아에서 수직으로 막대를 세우고 시에네의 우물 바닥이 완전히 태양빛을 받은 시각에 막대가 던진 그림자의 각을 측정했다. 에라토스테네스는 측정된 각의 크기가 지구 중심에서 시에네와 알렉산드리아를 바라보고 있는 각의 크기와 같음을 기하학적으로 그려서 알았다.

에라토스테네스의 지구 크기 측정

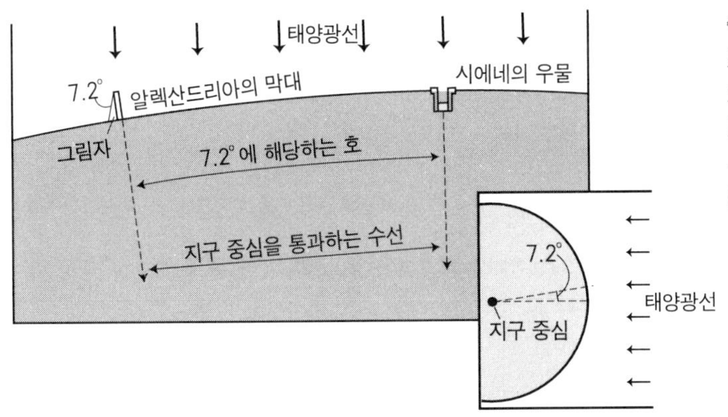

시에네에서 태양 고도가 90°일 때 알렉산드리아에서는 태양 고도가 82.8°였다. 따라서 중심각은 동위각으로 7.2°가 된다.

시에네와 알렉산드리아의 거리는 5천 스타디아(스타디움의 복수, 185m에 해당)이고 이때 측정된 각이 7.2°였으므로 지구 둘레가 D라면,

$$360 : 7.2 = D : 5{,}000$$

$$D = \frac{360 \times 5{,}000}{7.2} = 250{,}000(\text{스타디아})$$

$$= 46{,}250\text{m}$$

이것은 현재 정밀한 측정에 의해 얻어진 4만 킬로미터와 거의 일치하는 정확한 값이다.

그리스의 히파르코스는 1,080개의 별에 대한 위치와 광도를 분류하고, 별의 위치를 연구로 세차운동(歲差運動)

히파르코스
(Hipparchos, 190?~125 B.C.)
고대 그리스의 천문학자. 관측·실험에 의한 연구를 중시, 최초의 태양표를 작성하고, 자신의 관측과 이전의 관측을 비교하여 세차(歲差)를 발견, 최초의 항성표(恒星表)를 만들었다. 천문학의 원조로 불린다.

을 발견한 것으로 유명하다. 그는 달 크기와 거리를 결정한 아리스타르코스의 작업도 이어받아 두 개의 다른 경위도에서 달의 고도를 관측해 달의 거리는 지구 지름의 약 36배에 해당한다는 것을 알았다. 이것은 아리스타르코스가 얻은 값인 지구 지름의 약 7배라는 계산을 크게 개량한 것이다.

❙ 아리스타르코스의 달의 거리 측정 ❙

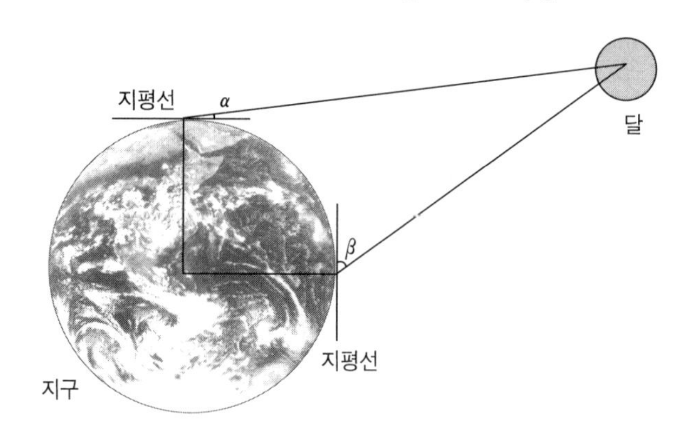

➔ 지구상의 두 지점에서 동일한 시각에 관측한 달의 고도가 α, β라면 두 지점에서 지평선과 이루는 각이 α, β가 되도록 직선을 그이 만나는 곳이 달의 위치가 된다.

3. 잘못 측정된 지구 크기와 마젤란의 세계일주

히파르코스의 제자인 포시도니우스는 고대 도시인 로데스와 알렉산드리아의 거리와 위도 차를 재어 지구 크기를 새로 측정했는데, 그가 얻는 지구 둘레 값은 18만 스타디아로 에라토스테네스의 값보다 훨씬 작았다. 그러나 당대의 유명한 천문학자 프톨레마이오스가 이 값을 채택했기 때문에 중세에 이르기까지 지구 크기는 18만 스타디아로 믿어져 내려왔다.

프톨레마이오스는 고대 최후의 중요한 지리학 서적을 만들었는데, 중요 도시나 연안의 여러 지점의 경위도를 결정해 총 8권 중 6권은 각 지점의 경위도 목록으로 채우고 있다. 그러나 그의 경도 계산 방법은 천문학적인 방법으로 결정된 것이 아니라 본초자오선으로부터 거리를 측정하고 이를 각도로 환산해 추정한 것이다.

즉, 지구 둘레를 포시도니우스가 측정한 값인 18만 스타디아로 했기 때문에 1°에 해당하는 거리가 5백 스타디아가 돼 실제 거리인 6백 스타디아보다 훨씬 작아지게 됐다. 따라서 측정된 지표상 거리를 각도로 환산하는 과정에서 유럽이 실제보다 과장되게 표현됐고, 결국 대서양을 건너 아시아에 이르는 거리는 작아질 수밖에 없었다.

이것이 콜럼버스로 하여금 서방으로부터 아시아로 항해하려는 계획을 세우게 만들었던 것이다. 또 이러한 콜럼버스의 항해는 마젤란으로 이어져 1519~1522년 마젤란의 역사적인 세계일주 여행으로 지구 모양이 둥글다는 사실이 일반인에게 널리 알려지게 되는 결과를 낳았다. 이처럼 잘못 알려진 지구 크기가 지구 모양이 둥글다는 사실을 일

콜럼버스
(Christopher Columbus, 1451?~1506)
이탈리아 태생의 항해 탐험가. 1478년 포르투칼에 이주한 후 대서양을 서항(西航)하여 인도에 도달할 목적으로 지금의 서인도제도 산살바도르섬에 도착하였다. 이후 네 번에 걸친 탐험 끝에 쿠바 · 아이티 · 자메이카 · 도미니카 및 남미 · 중미의 일부를 발견하였다. 죽을 때까지 신대륙을 인도의 일부라고 믿었다.

반인에게 널리 알게 했으니 역설적이다.

4. 달이 날 따라온다

정월 대보름에는 보름달을 보고 한 해 소원을 기원하면 이루어진다고 하니 달은 우리 민족에게 포근한 느낌을 주는가 보다.

달을 보면서 걸을 때 달이 자신에게 다가오는 것을 느낀 적이 있는가? 과학적 호기심이 없어도 그저 무심코 달을 본 사람을 제외하고는 달이 항상 따라오는 것을 느낀 적이 한두 번쯤은 있을 것이다.

어린 학생들 대부분은 가까이 있는 산은 걸어감에 따라 걷는 방향의 반대로 옮겨 가고 산 위의 달은 항상 같은 방향에서 보여 언뜻 따라오는 것으로 느낄 것이다. 어릴 때의 이런 기분이 남아서인지 지금도 학교에서 본 달과 집에서 본 달은 항상 같은 방향에서 보여 나만 따라다니는 친구처럼 느껴진다.

서양 사람들에게 달은 차갑고 음산한 기분을 느끼게 하지만 우리나라 사람에게 달은 포근함을 느끼게 한다. 이것은 아마도 우리 민족이 달을 무심히 보지 않는 과학적인 심성을 가진 민족이기 때문일까?

사실 달이 나만 좋아한다는 것을 설명할 수 있게 된 것은 그리 오래되지 않았다. 달이 이처럼 따라다니는 것처럼 보이는 것은 지구상의 물체에 비해서 달이 훨씬 멀리 있기 때문이다. 즉, 달에서 오는 광선이 거의 평행이기 때문에 지구상에 있는 관측자에게는 항상 같은 방향에서 보이게 되는 것이다. 물론 시간이 오래 지나면 동쪽에서 서쪽 하늘로 일주 운동해 방향이 변한다.

달까지 평균거리가 38만 킬로미터임을 생각할 때 이보다 4백 배 멀리 떨어진 태양에서 오는 광선은 거의 평행이며, 이보다 훨씬 멀리 떨어져 있는 북극성에서 오는 빛은 거의 완전한 평행으로 생각할 수 있다.

지구가 과연 둥근가를 알아보기 위해 우리는 정확히 적도상의 바다에 떠 있는 배 위에 있다고 가정해 보자. 북극성은 지축의 꼭대기에 위치하며 여기서 오는 광선은 지구에 평행하게 도달하므로, 이 배 위에서 본 북극성은 정북쪽 지평선 부근에서 보이게 될 것이다. 북극성을 향해 똑바로 항해해 북극성 고도가 1° 높이로 보이는 지점까지 간다고 하자. 이것은 위도로 1°만큼을 북쪽으로 간 것이므로 우리의 새 위치는 북위 1°가 된다. 이때까지의 거리를 측정하면 110.57km가 된다.

깜짝과학상식

▮ 달의 온도는?

낮에는 달의 온도가 섭씨 100도 이상으로 올라가며, 반대로 햇빛이 비치지 않는 밤에는 영하 170도까지 내려간다. 왜냐하면 달에는 공기가 없고 낮과 밤의 길이가 아주 길기 때문이다. 달의 낮과 밤은 한달의 반은 낮이고 나머지 반은 밤이다.

5. 지구는 얼마나 둥근가

다시 북쪽으로 항해를 계속해 북극성 고도가 1°만큼 더 커지도록 해 이때의 거리를 측정해 보니 조금씩 커지는 것을 발견했다. 위도 45° 부근에서는 111.14km이고, 마지막으로 극지방에 도달할 때의 거리는 111.70km가 됐다. 지구가 완전한 구형이라면 위도 1°, 즉 중심각 1°에 해당하는 지표상 거리는 지구상의 어디에서나 같을 것이다.

북극성의 고도 차이를 이용해 지구의 반지름을 측정한 결과 고위도에서 측정할수록 더 크게 측정되었다. 이와 같은 관측 사실을 이용하면 지구 모양은 어떻다고 추리할 수 있는가?

‖ 럭비공 모양의 지구 ‖

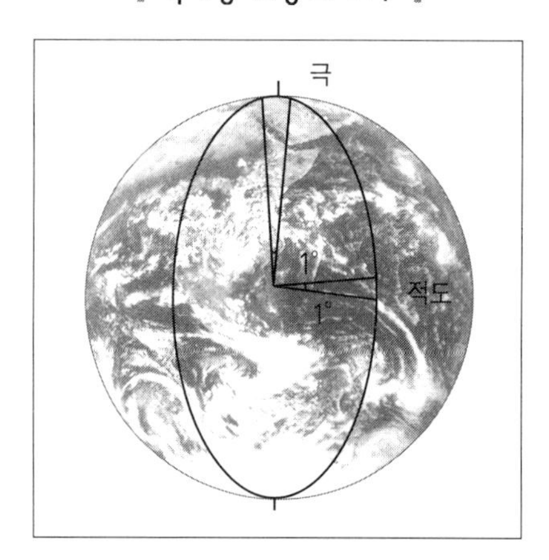

▲ 극반지름이 크다면 중심각 1°에 해당하는 호의 길이는 극지방에서 커지게 된다.

위도와 중심각은 서로 같으므로 위도 1°에 해당하는 지표상 거리가 크다는 사실은 그 반지름이 크기 때문으로 생각하기 쉽다. 즉, 지구는 적도상 반지름보다 극반지름이 더 큰 럭비공 모양을 이루고 있으므로 이런 관측 결과가 나오는 것으로 생각할 수 있다.

그러나 여기에는 중대한 오류가 있다. 우리가 측정한 북극성의 고도 변화를 이용한 척문학적인 방법으로 위도 1°에 해당하는 호의 길이는 중심각을 측정한 것이 아니라는 것이다. 위도에는 지심위도와 천문학적인 위도가 있다.

지구가 완전한 구형이라면 지심위도와 천문학적인 위도가 서로 같겠지만 구형이 아닌 경우에는 일치하지 않는다. 따라서 위의 관측 결과는 지구는 극지방으로 갈수록 곡률반경이 더 커지는, 즉 지표가 평평해지는 것으로 설명돼야 하며, 결국 지구 모양은 적도 지방이 부푼 타원체 모습으로 생각할 수 있다. 타원체는 굴렁쇠를 아래위로 눌러 찌그러뜨릴 때의 모습과 유사하다. 흔히 지구의 납작한 정도를 편평도로 표시하는데, 편평도는 반지름의 차를 적도 반지름으로 나눈 값으로 표시한다.

지심위도(φ_1)와 천문학적인 위도(φ_2)

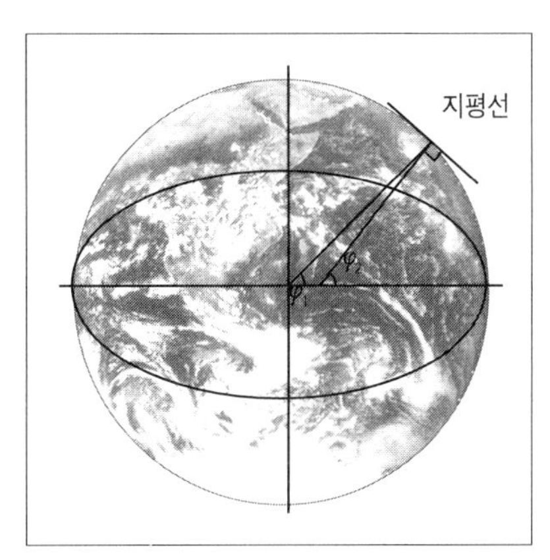

지구 중심에서 90등분해 각도로 나타낸 위도를 지심위도라 하고, 지표상에서 수선을 내려 만난 직선의 사이각으로 나타낸 위도를 천문학적 위도라 한다.

그러면 지구는 얼마나 찌그러졌을까? 최근의 정확한 측정에 의하면 지구의 적도 반지름은 6,378km이며 극반지름은 6,356km로 21km의 차이가 나는 것이 알려져 있다.

생각할문제

지구 모양을 적도 반지름이 10cm인 쇠구슬로 만든다고 할 때 극 반지름은 몇 센티미터로 해야 하겠는가? 또 에레베스트 산은 몇 센티미터 높이 솟게 만들어야 할지 계산해 보자.

| **해 설** | 에베레스트산에서 가장 깊은 해연까지의 거리는 약 19km가 된다. 이것은 서울에서 안양까지의 거리로 매우 먼 것처럼 여겨지지만 부산까지보다는 1/20 정도이며 자동차로 가는 사람에게는 짧은 거리에 속한다. 더구나 지구의 반지름에 비하면 0.3% 정도로 작은 값이어서 무시될 수 있다.

사실 지구의 실제 모습을 반지름이 10cm인 쇠구슬로 정확히 축소한다면 아마도 인간이 만들 수 있는 가장 정교한 쇠구슬 중의 하나가 될 것이다.

THEME 2

하루 24시간의 기원

읽기 전에

과학은 '왜?' 라는 질문에서 시작된다. 모든 것을 의심해 보면 우리 주위에는 과학적 현상들이 너무 많이 산재해 있다. 다만 우리가 '왜?' 라는 의문을 갖지 않았을 뿐이다. 시간도 마찬가지이다. 우리는 하루가 24시간이라는 것을 당연하게 생각한다. 하지만 과연 인류가 처음 시간이란 기준을 정해 사용한 것은 언제부터일까? 이 장에서는 지구와 달, 그리고 태양의 움직임에 따라 결정되는 시간의 모든 것을 살펴보자.

일상생활에서 사용하고 있는 시간은 어떻게 정해진 것일까? 또 우리나라가 오전 11시 24분일 때 파리는 오전 3시 24분인데, 이처럼 세계 여러 도시에서 사용하는 시간이 서로 다른 이유는 무엇일까?

시간을 정하기 위해서는 주기적으로 나타나는 어떤 기준이 필요하다. 인류가 지구상에 태어나면서 가장 먼저 주기성을 확인할 수 있었던 것은 하루, 즉 밤낮의 교대로 추정된다. 그래서 시간의 측정은 바로 지구의 자전을 기준으로 정한 것이다. 밤낮의 교대 주기가 하루이고, 이 하루를 더 짧은 시간 간격으로 나눈 것이 시(時)이며, 더욱 긴 시간 단위로 정한 것이 주일(週日)·순(旬)·월(月)·년(年) 등이다.

기원전 3000년경으로 추정되는 수메르인들은 점토판에 갈대를 이용하여 숫자를 표시했다. 10까지의 숫자는 비스듬히 필요한 수만큼 찍었으며, 10자리의 수와 10의 배수를 나타내는 숫자는 갈대를 수직으로 놓아 나타냈다. 이때 이미 10진법과 60이라는 수를 바탕으로 한 기수법이 쓰인 것이다.

수메르인들이 사용한 기수법

▼▼▼ 3 ≻≻ ▼▼ 라는 점토판의 숫자

▼▼▼ $=3\times60^2=3\times3,600=$ 10,800

3 $=0\times60^1=$ 0

≻≻ $=2\times10=$ 20

▼▼ $=2$ 2

10,822

➜ 점토판의 숫자는 앞의 세 개와 뒤의 두 개가 모양이 같은 것임에도 불구하고 서로 다른 값을 나타내고 있다.

1. 기원전 2000년에 등장한 달력

기원전 2000년 무렵 바빌로니아인의 1년은 360일이었으며, 360일은 각각 30일로 된 12개월로 나누어졌다. 바빌로니아인은 달 이외에도 이미 태양이나 5행성의 이름으로 시간 단위를 사용하고 있었으며, 하루를 2시간씩 12단위로 나누어 1시간을 60분으로, 다시 1분을 60초로 나누어 사용하였다.

동양에서는 기원전 1400년경 갑골문에서 이미 간지(干支)를 사용하고 있었다. 간지란 10간 12지를 말하는 것으로서, 갑, 을, 병…… 자, 축, 인…… 등을 일컫는다.

이는 수학의 발달과 견주어 보면 10간은 10진법에 해당하며, 12지는 12진법에 해당한다고 할 수 있다. 이를 함께 사용하면 60진법이 된다. 이는 현재 일상생활에서 사용하고 있는 시간, 즉 하루는 24시간, 1시간은 60분, 1분은 60초 등에서 사용하는 60진법과 1년 12달의 달력과 밀접한 관련이 있다.

고대 수메르인이나 바빌로니아인들은 밤하늘을 수놓는 별들을 관측해 1년의 길이가 365일 정도임을 알고 있었으며, 그것에 대응하여 36개의 별자리를 고안하여 사용했다. 이는 고대 이집트로 이어졌다. 기원전 2000년경의 고대 이집트인들은 365일이라는 1년의 길이를 360일과 5

일로 구분하여 360을 하늘의 분할과 각도를 재는 기준으로 삼았다. 그리고 1년의 마지막에 5일을 첨가하여 축제일로 하였는데, 60진법의 기원은 여기에서 찾을 수 있다.

또한 그들은 당시 밤의 길이가 8시간 정도였으므로 별자리로는 하룻밤 동안에 12개가 보이게 되는데, 어느 별자리가 남중하느냐를 이용하여 밤을 12등분하고 짧은 시간 단위인 시(時)로 사용했다. 한편 낮 동안에도 이를 연장해 12등분하여 사용했는데, 시간의 등분에는 해시계를 이용했다. 이로부터 하루를 24시간으로 나누는 기원을 찾을 수 있다.

결국 고대인들은 밤낮으로 길이가 다른 시간 단위를 사용하였으나 그 당시에는 그렇게 시간에 구애받지 않는 시대였으므로 큰 문제가 되지 않았을 것이다.

기원전 1000년경 메소포타미아인들의 관측기록은 보다 정밀해졌다. 이로 미루어 볼 때 관측이 조직적으로 이루어졌다는 사실을 알 수 있다. 관측이 정밀해짐에 따라 하루의 길이를 더욱 정확하게 측정할 수 있게 되었다. 그리하여 하루를 더 짧은 시간 단위로 나누기 위해서 해시계나 물시계 등의 관측기기를 더욱 발전시킨 것이다.

조선시대의 해시계

우리나라 조선시대에 사용하던 해시계인 앙부일구이다. 그 원리를 생각해 보고 태양의 고도를 이용하여 시간을 분할하는 방법과 앙부일구에서처럼 천구상에서 태양의 위치를 분할하여 시간을 정하는 방법 중 어느 것이 더 정확할지 생각해 보자.

그들은 우선 하루의 길이를 정확하게 측정하기 위해 해시계나 그림자 막대를 이용하여 하루 중 그림자의 길이가 가장 짧은 때부터 다음날 가장 짧은 때까지의 길이를 측정하여 하루를 정하고, 그림자의 방향을 이용하여 더 짧은 시간 단위로 나누었다. 그림자의 길이가 가장 짧아질 때는 태양의 고도가 가장 높을 때를 의미한다. 이는 그림에서 보는 것처럼 태양이 정남에 왔을 때가 되는데, 이를 태양이 남중했다고 한다.

| 지구에서 본 태양의 움직임 |

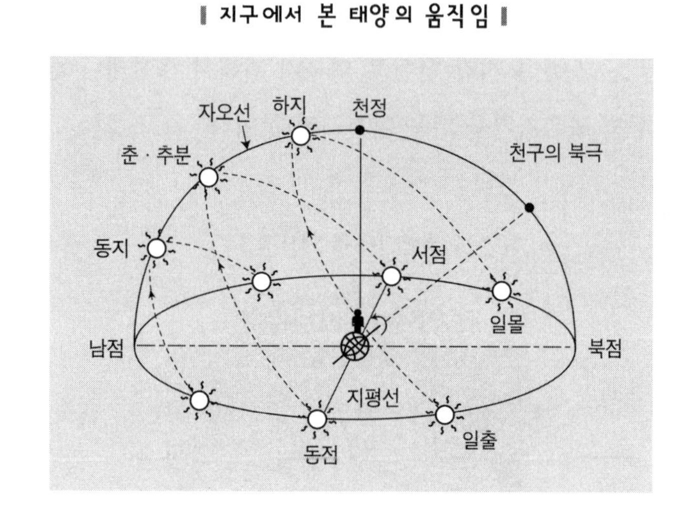

➔ 지구가 서에서 동으로 자전하므로 지구상의 관측자에게는 태양이 동쪽에서 서쪽으로 움직이는 것으로 관측되는데 이를 태양의 일주운동이라고 한다. 이때 천정과 하늘의 북극을 잇는 대원을 자오선이라고 한다. 태양이 남중했다는 것은 자오선상에 있을 때를 말한다.

2. 태양시와 항성시

그런데 지구는 태양을 중심으로 공전하면서 자전하고 있으므로 지구의 자전 주기인 하루의 길이는 태양을 기준으로 측정할 때와 항성을 기준으로 할 때 서로 다르게 된다.

이때 태양을 기준으로 한 지구의 자전주기를 1태양일(synodic day)이라고 하며, 항성을 기준으로 한 지구의 자전 주기를 1항성일(sidereal day)이라고 한다. 1태양일을 더욱 짧은 시간 단위로 나누어 사용하는 시간 체계를 태양시(synodic time)라고 하여 우리가 일상생활에서 사용하는 시간이다. 1항성일의 길이는 1태양일보다 4분 짧아서 23시간 56분이 되는데, 1항성일을 기준으로 하는 시간 체계를 항성시(sidereal time)라고 한다.

▮ 태양일과 항성일 ▮

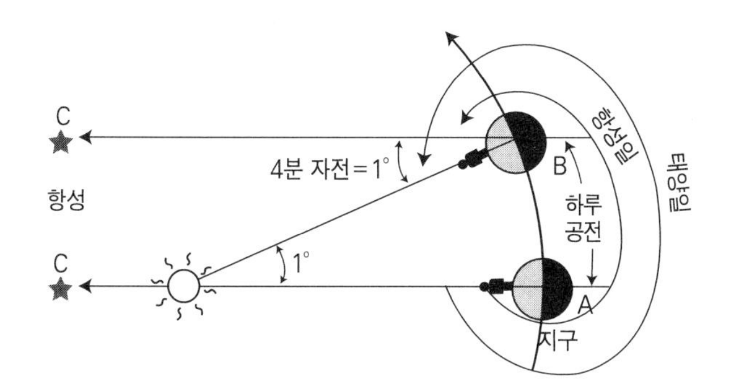

지구가 자전하는 동안에 1도 정도 공전하여 A에서 B로 위치가 변하였으므로 관측자의 머리 위에 태양이 다시 오려면 지구가 자전 주기보다 1도(4분) 더 돌아야 한다.

태양시는 태양이 남중했을 때를 12시로 정하여 사용하고 있다. 태양이 남중했을 때를 0시로 한다면 날짜가 인간이 한참 활동하고 있을 때인 정오에 바뀌게 되는 불편이 있으므로 태양이 남중했을 때를 12시로 정하여 하루를 24등분하여 사용하고 있는 것이다.

여기서 태양의 남중시각에 대하여 좀더 살펴보기로 하자. 태양시는 태양일을 기준으로 태양이 남중했을 때를 12시로 하였으므로 매일 12시에 태양이 남중하게 될 것

역서
매년 초 국립천문대에서 발간하는 책으로 그 해의 주요 천문 현상, 일출몰 시각, 남중시각, 주요 항성표 등이 실려 있다.

이다.

그러나 역서를 살펴보면 태양의 남중시각은 표에서 보는 것처럼 매일 일정하지 않으며, 더구나 여름의 하루는 짧고 겨울의 하루는 길게 나타나 있다. 이는 무엇을 의미하는 것일까.

조금 자세히 살펴보면 태양일은 실제의 태양을 기준으

❙ 역서에 나타난 태양의 남중시각 ❙

6월 망 음력 4월 대 건 정사
하 음력 5월 소 건 무오

일자		요일	일 남 중			일 몰		낮의 길이	
			시	분	초	시	분	시	분
24시간 10초	1	화	12	29	45	19	48	14	35
	2	수	12	29	55	19	48	14	35
	3	목	12	30	5	19	49	14	37
	4	금	12	30	15	19	49	14	38
	5	토	12	30	26	19	50	14	38
망종 · 현충일	6	일	12	30	36	19	51	14	40
	7	월	12	30	48	19	51	14	41
	8	화	12	30	59	19	52	14	41
	9	수	12	31	11	19	52	14	42
	10	목	12	31	23	19	53	14	42
	11	금	12	31	35	19	53	14	43
	12	토	12	31	48	19	54	14	43

깜짝과학상식

❙ 태양의 크기는?
태양의 지름은 약 1백 4십만 킬로미터이다. 따라서 태양은 지구보다 100배 크고, 목성보다는 10배 더 크다. 만일 태양을 오렌지와 같은 크기라고 가정한다면, 지구는 오렌지 주위를 10미터의 거리에서 회전하는 핀의 머리라고 할 수 있다. 지구는 태양에서 1억5천만 킬로미터 떨어져 있다. 이것은 기차로 간다면 약 170년이 걸리는 거리이다.

12월 대설 음력 10월 소 건 계해
동지 음력 11월 대 건 갑자

일자		요일	일남중			일몰		낮의 길이	
			시	분	초	시	분	시	분
24시간 23초	1	수	12	21	12	17	14	9	45
	2	목	12	21	35	17	14	9	44
	3	금	12	21	59	17	14	9	43
	4	토	12	22	23	17	13	9	42
국민교육헌장 선포기념일	5	일	12	22	48	17	13	9	41
	6	월	12	23	14	17	13	9	41
대 설	7	화	12	23	40	17	13	9	40
	8	수	12	24	6	17	14	9	39
	9	목	12	24	33	17	14	9	38
세계인권선언 기념일	10	금	12	25	1	17	14	9	38

로 하는 시태양일과 평균태양일로 구분되고 있다. 역서에 나타난 태양의 남중시각은 시태양의 남중시각을 나타내고 있는 것이다.

시태양일은 이처럼 1년 내 고르지 않기 때문에 이를 기준으로 정밀한 시간을 정하는 데는 무리가 있다. 따라서 시태양일을 1년에 걸쳐 평균하여 정한 평균태양일을 기준으로 한 평균태양시(mean solar time)를 사용하고 있는 것이다.

시태양일에 차이가 나는 것은 그림에서 보는 것처럼 하

루 동안의 지구 공전은 꼭 1°가 아니며 매일 조금씩 그 크기가 변하기 때문이다.

하루 동안의 지구 공전

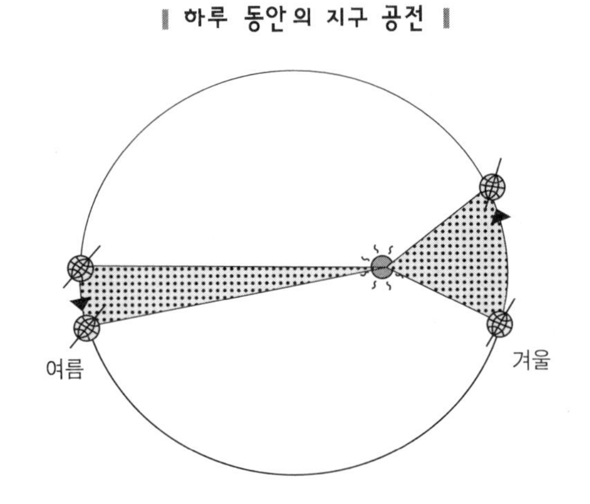

➔ 지구의 공전궤도와 하루 동안의 움직임을 과장하여 표현한 것이다. 태양에서 지구가 멀리 떨어져 있을 때에는 천천히 공전하여 1°보다 조금 작으며, 태양에서 가까이 있을 때에는 1°보다 조금 크게 된다.

다시 말하면 북반구에서는 여름철에 태양에서 가장 멀고 겨울철에 가장 가깝게 되므로 1태양일의 길이는 여름철에 짧고 겨울철에 길다. 이외에도 지구 자전축의 경사로 1년 중 태양이 지나는 길(황도)이 경사져 있으므로 이의 영향도 첨가되어 연중 시태양일의 길이는 고르지 않다. 평균태양시와 시태양시의 이러한 차이를 균시차라고 한다.

시태양일을 기준으로 시간을 정한다면 1년 중 날마다 1시간의 길이가 주기적으로 변하는 것이 되므로 이를 연중 평균한 평균태양일을 하루의 기준으로 삼은 것이다.

3. 잃어버린 생일날

현재 일상생활에서 사용하는 시간 체계가 평균태양시라는 것을 알았을 것이다. 그런데 세계 여러 나라에서 사용하는 시간이 서로 다른 것은 어떤 이유일까. 평균태양시는 결국 가상적인 평균태양이 남중한 시각을 12시로 정하여 사용하는 것이다. 그러나 여러 도시에서 태양이 남중하는 시각은 서로 다르게 된다.

만약 어떤 지역에서 평균태양이 남중했을 때를 12시로 정했을 때 문제가 하나 생기게 된다. 즉 서울에서 태양이 남중했을 때 강릉에서는 이미 태양이 남중했을 것이며(서울에서 볼 때 동쪽이므로) 각각 태양이 남중했을 때를 12시로 한다면 서울과 강릉이 서로 다른 시간 체계를 사용해야 하므로 불편을 느낄 것이다.

따라서 일정한 구역으로 나누어 동일한 시간 체계를 공동으로 사용하기로 하였는데, 이것이 표준시이며, 본초 자오선(경도 0°인 그리니치에서의 자오선)의 평균 태양시를 세계시라고 한다.

이렇게 구역을 나눌 때 그리니치 경선(경도 0°)을 기준으로 시간 차이가 정수로 떨어지는 지점, 즉 경도 차이 15°마다 지역에서의 평균태양시를 표준시로 사용하도록 한 것이다.

세계시
영국 그리니치를 지나는 자오선을 기준으로 한 시간. 평균 태양이 이 자오선을 지나는 시간을 정오로 하고, 전세계의 지방시(地方時)·표준시의 기준으로 하였다. 우리나라의 표준시간은 이 시간보다 9시간 앞서 있다.

우리나라의 표준시(Korean Standard Time, KST)는 동경 135°에서의 평균태양시를 사용하고 있다. 그러면 여기서 서울에 태양이 남중하는 시간이 12시 30분경이 되는 이유를 생각해 보라. 아울러 우리나라보다 서쪽에 있는 중국이나 필리핀 등의 나라에서 사용하는 표준시는 KST와 비교할 때 빠른지 아니면 느린지 생각해 보라.

한편 경도 15°마다 1시간씩 차이가 난다면 경도 차이 180°도 되는 지점은 12시간 차이가 나게 된다. 즉 우리나라에서 5월 5일 낮 12시일 때 우리나라와 180° 정도 차이가 나는 아르헨티나의 부에노스아이레스(서경60°)는 0시, 곧 자정이 되는 것이다. 그러면 부에노스아이레스는 5

‖ 세계 주요 도시와 서울의 시각 차이 ‖

통화한 도시	시간과 날짜
샌프란시스코	수요일 오후 4시
시카고	6시
뉴욕	7시
리우데자네이루	9시
런던	자정
카이로	목요일 오전 2시
마닐라	8시
서울	9시
시드니	10시
호놀룰루	수요일 오후 2시

월 6일 자정인가? 또는 5월 5일 자정인가?

서울에서 목요일 오전 9시에 세계 도시에 전화를 걸어 시각을 물었더니 그 답은 위와 같았다.

표에 나타난 도시들은 세계 여러 나라에 고루 분포돼 있다. 그런데 표에는 수요일 오전 시간은 찾을 수 없다. 그 이유는 무엇일까?

여기서 재미있는 가정을 하나 하기로 하자. 영심이는 비행기로 세계일주를 하는데 지구가 동쪽으로 도는 것과 같은 속도로 서쪽으로 여행을 한다고 하자. 수요일 정오에 출발하여 1시간 후 마닐라에 도착하였다. 지구 자전의 속도와 같이 반대 방향으로 여행하였으니 영심이의 머리 위에는 태양이 남중하고 있고 시간은 여전히 정오가 된다. 6시간을 더 여행하여 카이로에 도착하였다면 영심이는 총 7시간을 여행하였지만 여전히 정오가 될 것이다.

그러면 지구를 일주하여 다시 서울로 돌아왔다면 영심이의 머리 위에는 여전이 태양이 남중하고 있으니 시간으로는 정오인 것은 확실하다. 그러면 수요일 정오인가? 목요일 정오인가?

24시간 여행했으니 목요일 정오가 되어야 마땅하다. 그러면 영심이가 여행할 때 날짜가 변경된 것은 어디서일까.

19세기 이후 국제적 협약에 의하여 약속된 시간대(time zone)와 날짜변경선을 정하여 사용하고 있다. 날짜

변경선은 대체로 경도 180° 선을 따르고 있다. 즉 날짜 변경선 바로 동쪽의 수요일 오후 1시는 이 선을 넘을 때 목요일 오후 1시로 되는 것이다.

지구 자전과 남중 시간의 변화

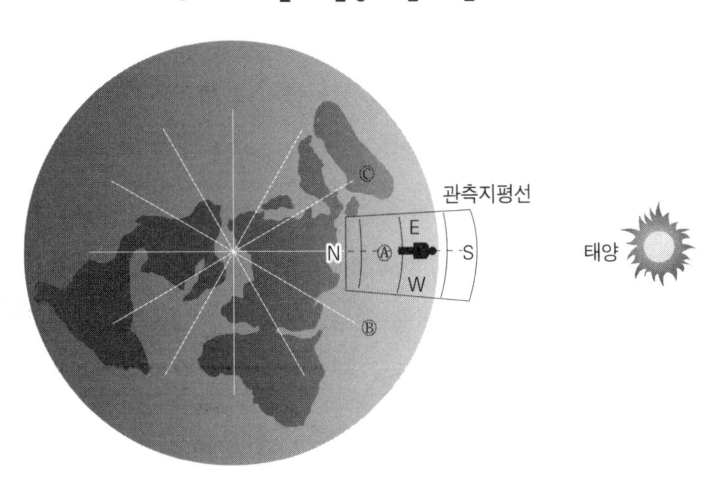

➔ 지구는 24시간에 360° 자전하므로 1시간에는 얼마나 자전하겠는가? 편의상 사람의 머리 꼭대기에 태양이 왔을 때를 태양이 남중했다고 하면 A도시에서 태양이 남중한 2시간 후에는 지구가 자전하여 B도시에서 태양이 남중하게 되며, C도시에서는 2시간 전에 태양이 남중한 것이 된다. 이때 A도시에서 본 B도시의 방향은 그림에서 보는 것처럼 서쪽이 된다.

뉴욕에서 공부하고 있는 영심이는 수요일이 생일이다. 가족과 함께 생일을 보내기 위해 서울로 올 때 날짜변경선을 동에서 서쪽으로 넘게 되므로 하루가 더해져 서울에 도착하면 목요일이 된다. 그러므로 생일날은 이미 지나가 버렸으며, 반대로 서울에서 수요일에 생일을 보내고 뉴욕으로 간다면 화요일이 되어 두 번 생일잔치를 하게 되는 것이다.

생각할문제

■ 다음 그림은 날짜 변경선과 지방 표준 시간대역을 나타낸 것이다.

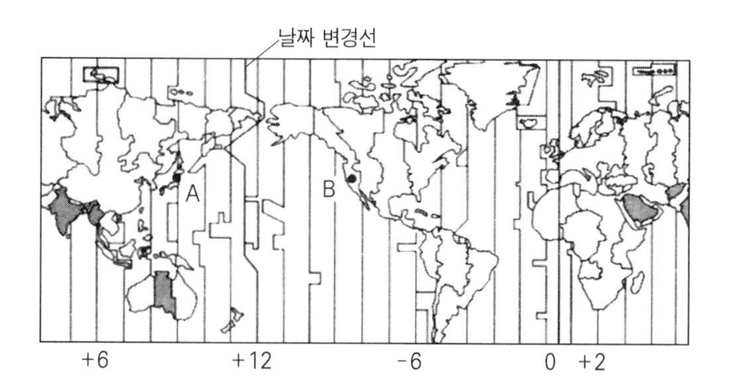

위도가 같은 그림의 A와 B 도시에서 관측되는 현상을 비교한 것으로 옳은 것은?

① B지방에는 지방 표준시로 태양이 더 늦은 시간에 남중한다.

② A, B지방에 태양이 남중할 때의 항성시는 7시간 차이가 난다.

③ A지방에는 지방 표준시로 더 늦은 시간에 태양이 뜬다.

④ A지방에는 태양의 남중 고도가 더 높다.

⑤ A지방은 B지방보다 1일이 빠르다.

⑤

| **해 설** | 두 도시의 위도가 비슷하므로 남중 고도는 같을 것이다. 날짜 변경선의 동쪽에서 시간이 빠르며, 항성시는 춘분점의 시간으로 나타내므로 같은 날 두 지방에서 태양이 남중할 때의 항성시는 같다. 한편 지방 표준시는 태양이 남중할 때를 기준으로 정한 것이므로 같은 날 같은 위도대에서는 태양이 뜨는 시각은 거의 비슷하게 된다.

■ 위 그림에서 날짜 변경선이나 시간대역이 항상 직선으로 나타나지 않는 이유는?

① 태양의 남중 시각이 서로 다르기 때문에
② 생활권이 서로 비슷한 지역끼리 묶었기 때문에
③ 그 지방의 고도에 따라 일출 시각이 다르기 때문에
④ 일광 절약시간제를 쓰고 있는 나라이기 때문에
⑤ 태양 태음력을 사용하는 나라이기 때문에

| **해 설** | 같은 나라 또는 생활권역이 비슷한 지역에서는 경도가 약간 다르더라도 같은 시간대를 사용하는 것이 편리하다. 그러므로 생활권역을 중심으로 묶다 보니 경선과 항상 일치하지는 않는다.

T·H·E·M·E 3

만유 인력과 중력

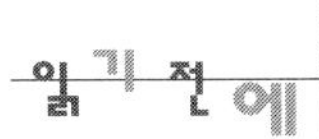

갈릴레이, 케플러, 뉴턴으로 이어지는 근대 역학의 성립으로 인해 지구상에서 중력은 아래 방향이 아니라 지구의 중심쪽으로 작용한다는 사실이 밝혀지게 됐다. 이 장에서는 만유 인력의 법칙이 알려지게 된 과정과 지구상에서 중력이 작용하는 방향, 지역에 따른 크기에 대해 알아보기로 하자.

위와 아래에 대한 개념은 아마도 지구상에 인간이 태어나면서부터 싹튼 것으로 생각된다. 지구가 평평하다고 믿었던 고대에 위와 아래에 대한 개념은 지금처럼 복잡하지 않았다. 모든 물체는 위에서 아래로 떨어지며 위는 신들이 사는 장소로 신성하고, 아래는 지옥의 방향으로 신성하지 못해 모두 아래로 떨어지는 것으로 믿었다.

이와 같은 절대적인 위 아래의 개념은 구형인 지구에서 우리와 정 반대편에 살고 있는 사람은 아래로 떨어질 것이므로, 지구가 둥글다는 것을 믿지 못하게 하는 하나의 요소로 작용했다.

그 후 지구가 둥글다는 것이 증명되자 지구상의 어느 곳에서나 모든 물체가 지표에 붙어 있는 사실을 설명해야 하

는 새로운 문제가 제기됐다.

1. 페스트와 뉴턴

중력에 대해 알기 위해 우선 뉴턴에 대해 알아보기로 하자. 뉴턴은 1664년 20대로 갓 접어든 나이에 케임브리지 대학의 트리니티 칼리지에서 수학을 공부하고 있었다. 이 해에 런던에서는 전염력이 강한 페스트가 유행, 케임브리지 대학은 휴교에 들어갔다. 1665년까지 페스트는 맹위를 떨쳤다.

뉴턴(Isaac Newton, 1643~1727)
영국의 물리학자 · 천문학자 · 수학자. 처음 광학(光學)을 연구하여 반사(反射) 망원경을 만들고, 뉴턴의 원무늬를 발견, 빛의 입자설(粒子說)을 주장하였다. 1666년경 미분법을 발견하였으며, 또한 역학 체계를 건설하여 만유 인력의 원리를 도입, 이 결과를 기술한 것이 불후의 대저 《프린키피아(Principia)》이다. 근대 과학의 기초를 세운 사람으로 높이 평가받고 있다.

시골은 도시보다 페스트에 감염될 위험이 적을 것으로 생각한 뉴턴은 어머니 집이 있는 울스토르프라는 작은 마을로 피해 거기서 어머니와 2년을 함께 보냈다. 그는 이 짧은 시기에 생애의 그 어떤 시기보다도 수학과 과학에 대해 많은 업적을 이루었다. 이 시기에 뉴턴은 오늘날 중요한 분야로 여기고 있는 미적분학을 체계화하고 광학(光學)에 관한 많은 사실을 규명했으며 인력을 지배하는 법칙이 있다는 것을 터득했다.

인력에 대해 잘 알려져 있는 이야기는 사과에 얽힌 것이다. 어느 날 뉴턴이 링컨셔 농장의 뜰에 앉아 있을 때 사과가 떨어지는 것을 발견하고 인력에 대해 심원한 명상에

잠겼다. 그때가지 그 원인에 대해 많은 철학자들이 탐구해 왔지만 성공하지 못했었다. 일반인들에게 관념적으로 사과는 당연히 아래로 떨어지는 것으로 인식되고 있었던 시기였다.

젊은 뉴턴은 사과가 떨어지는 것을 보고 경이감을 갖게 됐다고 전해진다. 사과는 좌우나 위가 아닌 한결같이 아래로 떨어지는데, 뉴턴은 사과를 땅에 떨어뜨린 인력은 분명히 사과나무의 높이보다 더 높은 곳까지 미칠 것이며, 산꼭대기에도 존재하고 거기서 갑자기 사라지지도 않을 것이라고 생각했다.

여기서 그는 인력이 달과 같이 먼 곳까지 미친다면 어떻게 될까 하는 의문을 갖게 됐다. 인력이 지구 둘레를 도는 달까지 미친다면 떨어지는 사과와 같이 지구의 포로로 만들어 버릴 것이다. 더 나아가 태양으로부터 이와 비슷한 인력이 작용한다면 태양계 내 행성의 무리들을 묶어버릴 것으로 생각했다.

당시 이미 갈릴레이에 의해 관성법칙, 낙체운동법칙이 발표되고 케플러에 의한 제1, 제2, 제3법칙 등이 알려져 있었지만 그들 사이의 상호 관련성을 알아채지 못하고 있던 터였다.

케플러
(Johannes Kepler, 1571~1630)
독일의 천문학자. 행성(行星) 운동의 세 법칙을 발견하여 근대 역학의 선구자가 되었다. 저서에는 《우주의 신비》, 《광학》, 《신(新)천문학》 등이 있다.

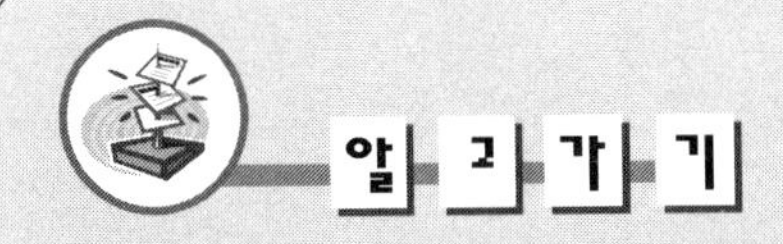

지표면에 정지해 있는 물체는 외부에서 힘이 가해지지 않는 한 계속 정지해 있다. 지표면에서 굴러가는 공은 곧 멈추게 되지만, 우주에서 공을 던지면 어떻게 될까?

① 갈릴레이의 사고 실험 : 갈릴레이는 다음 그림에서

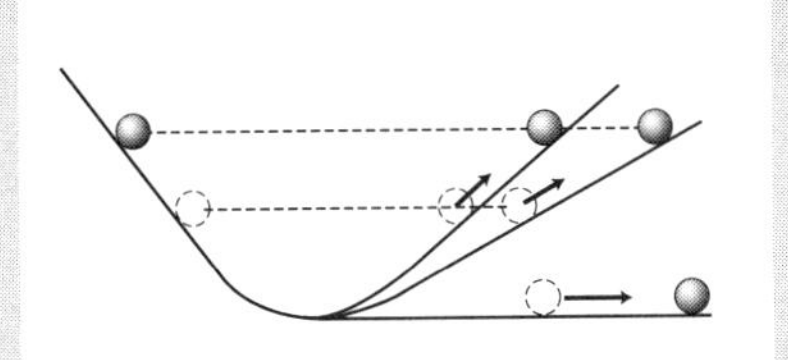

와 같이 빗면에서 공을 놓았을 때, 빗면의 기울기가 작을수록 공이 처음 높이까지 올라가기 위해 굴러가는 거리가 더 길어진다는 사실에서 마찰이 없는 수평면에서는 공이 영원히 등속도 운동을 할 것이라고 생각하였다. 이와 같이 물체가 자신의 운동 상태를 계속 유지하려는 성질을 관성이라고 한다.

② 관성의 법칙 : "외부에서 물체에 힘이 가해지지 않는 한, 또는 힘이 가해지더라도 여러 힘의 합력이 0이면, 정지해 있는 물체는 계속 정지해 있고, 운동하고 있는 물체는 계속 등속도 운동을 한다." 이를 관성의 법칙 또는 뉴턴의 운동 제1법칙이라고 한다. 관성은 물체가

속도의 변화에 저항하는 성질로 질량이 큰 물체일수록 관성도 커진다.

길버트
(William Gilbert, 1540~1603)
영국의 물리학자. 엘리자베스 1세의 시의(侍醫). 전기(電氣)에서 처음으로 '일렉트릭스(electrics)'란 말을 썼으며, 또한 지구가 하나의 큰 자석임을 밝혀 지자기학(地磁氣學)의 기초를 열었다. 기자력의 C.G.S. 단위 길버트는 그의 이름에서 딴 것이다.

또 케플러는 태양계 내의 행성의 거리와 공전 주기 관계를 밝혔지만 행성의 이와 같은 운동은 방출되는 신비한 힘인 '아니마 모트릭스'나 자기적인 힘과 관련이 있는 것으로 막연히 생각하고 있던 시기였다. 이것은 당시 길버트에 의해 알려진 바와 같이 지구는 거대한 자석과 같이 자기장을 갖고 있다는 사실에서 유추한 것으로 생각된다.

물체가 원운동을 하는 데에는 중심쪽으로 끌어당기는 힘, 즉 구심력이 필요하다. 당시에는 행성들이나 달의 원운동에 필요한 힘을 '아니마 모트릭스'라는 것으로 설명했으며, 행성들의 궤도가 원이 아니고 타원인 것은 행성과 태양 사이에서 자기의 상호 작용이 일어나기 때문으로 생각했다.

2. 떨어지지 않는 사과 — 달

뉴턴은 태양을 중심으로 한 행성들의 운동이나 지구를 중심으로 한 달의 운동을 상호간에 미치는 인력으로 설명했으며, 인력에 대한 그의 생각을 사과와 달을 비교함으로써 시험했다. 만일 사과와 달이 모두 지구 인력에 의해 지구에 묶여 있다고 가정하면 사과를 자유낙하하게 하는 힘은 달에까지 미쳐 달이 지구를 중심으로 원운동을 하게 하는 것으로 설명할 수 있는 것이다. 이 문제를 그는 그의 유명한 저서《자연철학의 수학적 원리》에서 다루고 있다.

그림에서 보듯이 산꼭대기 V에서 수평 방향으로 사과를 던지면 사과는 최초의 속도가 얼마나 크냐에 따라 긴 거리를 운동해 VA, VB, VC라는 포물선 궤도를 그리게 된다. 충분히 빠른 속도로 사과를 던지면 사과는 지표의 곡률과 일치해 떨어지지 않고 본래의 산꼭대기로 다시 돌아와서 언제까지고 지구 주위를 회전할 것임에 틀림없다.

▌떨어지지 않는 사과 - 달▐

달이나 인간이 쏘아 올린 인공위성은 지구의 중력장 아래에서 이와 같이 적당한 속도로 던져진(?) 것이어서 지구 주위를 회전하는 것이다. 결국 사과를 떨어지게 하는 힘과 달 또는 인공위성을 직선 운동에서 벗어나 지구로 계속해서 떨어지게 하는 힘은 같은 것으로 설명할 수 있다.

3. 만유 인력의 법칙

이 두 운동에 대한 논의는 독창적인 것이지만, 갈릴레이, 케플러의 영향을 빼놓을 수 없다. 케플러는 제3법칙을 태양과 행성 사이에만 적용했으나 뉴턴은 목성과 그 위성들, 그리고 토성과 5개의 위성에서도 성립함을 알게 됐다. 지구에는 위성이 달 하나뿐이므로 케플러 제3법칙을 직접 적용할 수 없었으나 뉴턴은 이미 달의 궤도 운동에서 케플러의 제2법칙인 면적 속도 일정의 법칙이 적용됨을 알고 있었다.

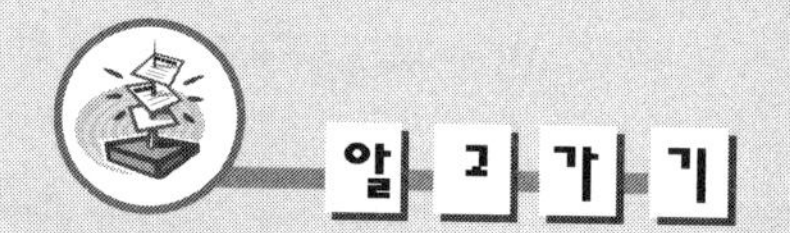

1609년 케플러는 그의 스승 티코 브라헤가 관측해 놓은 행성의 운동에 관한 자료를 분석하여 다음의 세 가지 규칙성을 찾아내었다. 이를 '케플러의 법칙'이라 하며, 뉴턴이 만유 인력의 법칙을 발견하는 데 결정적인 공헌을 하였다.

케플러의 법칙

① 제 1 법칙(타원 궤도의 법칙) : 코페르니쿠스는 지

구가 태양 주위를 돌고 있다는 지동설을 주장하였는데, 그는 지구를 비롯한 행성들이 원운동을 한다고 생각하였다. 케플러는 브라헤의 관측 자료를 통해 행성들은 원운동을 하는 것이 아니라 태양을 한 초점으로 하는 타원 궤도를 따라 돌고 있다는 것을 밝혔다. 그러나 수성과 명왕성을 제외한 행성들은 대부분 이심률이 매우 작아 거의 원에 가까운 타원 궤도를 돌고 있다.

② 제 2 법칙(면적 속도 일정의 법칙) : 태양과 행성을 연결하는 선분이 같은 시간 동안에 그리는 면적은 항상 같다. 즉, 행성들은 태양에 가까울수록 공전 속도가 빨라지고, 멀수록 느려진다. 그림에서 같은 시간 동안에 행성의 이동 거리 $\overset{\frown}{AB} > \overset{\frown}{CD}$이고, 면적 $S_1 = S_2$이다. 즉 행성이 점 A, C에 위치할 때의 공전 반경과 속력을 각각 r_A와 v_A, r_C와 v_C라 하면 $r_A v_A = r_C v_C$의 관계가 성립한다.

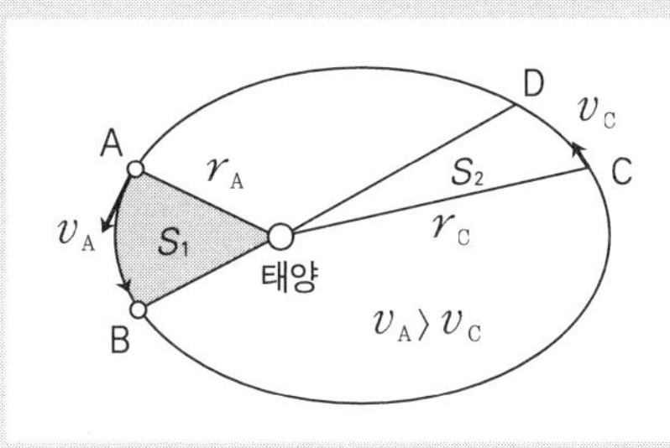

③ 제 3 법칙(조화의 법칙) : 태양으로부터 멀리 떨어진 행성일수록 공전 속도가 느리고, 공전 주기도 길어진다. 케플러는 행성들의 공전주기 T를 제곱한 값은 타원

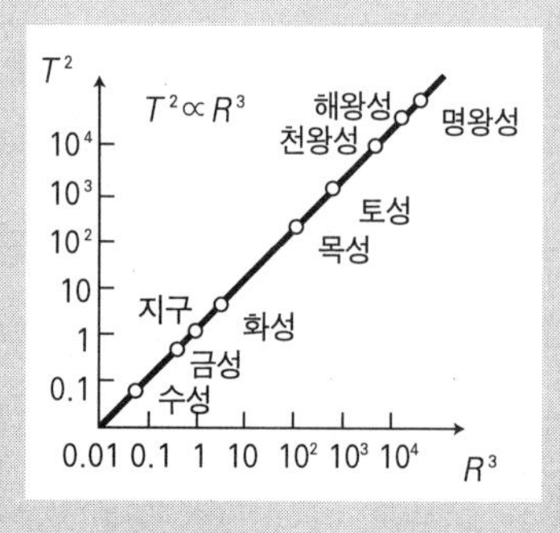

궤도 중의 장반경 R의 세제곱에 비례하는 규칙성을 찾아냈다.

$$\frac{T^2}{R^3} = k\,(\text{일정}) \Rightarrow T^2 = kR^3$$

그림에서 기울기 k는 모든 행성에 대해 같은 값을 가지며, 태양의 질량에 의해 결정되는 상수이다.

이와 같은 사실, 즉 태양이 행성을 묶어놓고 지구가 달을 묶어놓으며 지구상에 사과가 연직 아래로 떨어지고 자전하는 지구상의 물체를 붙잡아놓는 힘은 인력이라는 힘으로 설명할 수 있음을 알고 이를 수학적으로 증명한 것이다. 이것이 뉴턴의 저서 《프린키피아》의 제3부에 게재된 만유 인력의 법칙이다.

만유 인력의 법칙은 우주상의 모든 물체는 그들 사이에 인력이 작용하고, 그 크기는 두 물체의 질량의 곱에 비례하며 두 물체 사이의 거리의 제곱에 반비례한다는 것이다.

즉, 질량이 m_1, m_2이고 거리가 r만큼 떨어져 있다면 두 물체 사이에 작용하는 인력 F는

$$F = G\frac{m_1 \cdot m_2}{r^2}$$

가 되는 것이다. 여기서 중력 상수 G를 뉴턴은 알지 못했으며 그가 죽은 후 70년이 지나서야 캐번디시에 의해 측정됐다.

캐번디시(Henry Cavendish, 1731~1810) 영국의 물리학자 · 화학자. 물리학상의 정전기에 관한 여러가지 기초적 실험, 지구의 비중(比重) 측정, 열(熱)의 실험과 화학 상의 수소의 발견, 물의 정밀한 분석 등 많은 업적을 남겼다.

4. 뉴턴의 사과

사과가 떨어지는 것을 보고 만유 인력의 법칙을 구체화했다는 데에는 여러가지 다른 이야기가 있다. 특히 뉴턴의 장례식 때 송사에서도, 당시의 철학자들이나 뉴턴의 전기를 쓴 데이빗 블루스타도 이 이야기를 언급하고 있지 않은 것은 이상한 일이다.

자기장의 연구로 유명한 가우스는 이에 대해 다음과 같이 말하고 있다.

"그 사과 이야기는 밑도 끝도 없다. 그러한 대발견이 사과로서 빨라지거나 늦어진다고 누가 말할 수 있을 것인가? 아마도 그 일은 다음과 같았을 것이다. 한 얼빠진 사나이가 찾아와서 치근덕거리며 그가 어떻게 그러한 큰 발견을 해냈느냐고 꼬치꼬치 캐물었다. 뉴턴은 이야기를 하다가 상대방이 얼마나 바보인지를 깨닫자 달아나고 싶은 생각이

가우스(Karl Fried-rich Gauss, 1777~1855) 독일의 수학 · 물리 · 천문학자. 괴팅겐 대학 교수 · 천문대장을 지냈다. 19세 때 17각형 작도에 성공, 24세 때 유명한 《중수론연구》를 내어 수학계에 새로운 기원을 이루었다. 최소(最小) 제곱법 · 곡면론(曲面論) · 초기하 급수 · 복소수 함수론을 전개하고, 측지학(測地學) · 전자기학 · 천문학 · 모관현상 등 다방면으로 업적을 남겼다.

들었다. 그래서 뉴턴은 사과가 자기의 코 위에 떨어졌다고 이야기했다. 덕분에 그 사나이는 만족하고 돌아갔다."

이것은 '단지' 사과가 떨어지는 것을 보고 인력을 발견했다는 사실을 부정하는 것이다. 사실 만유 인력의 법칙은 갈릴레이, 케플러 등에 의한 역학에 관한 많은 연구와 지식의 축적에서 탄생된 것이며, 더구나 17세기 후반의 과학 풍토에서 비롯됐다고 말할 수 있겠다.

뉴턴은 당시 핼리 혜성의 발견자로 유명한 애드먼드 핼리, 로버트 훅, 1급 건축가 렌 등과 협력해 실험을 하거나 문제를 제기하고 편지, 팸플릿, 책 등으로 서로 토론하는 등의 협력 활동을 활발히 했다. 뉴턴이 이와 같은 협력 연구로 만유 인력의 법칙을 발견하게 됐다고 해도 과언이 아닐 것이다.

여하튼 뉴턴이 명상을 하던 사과나무는 널리 알려지게 돼 18세기 말 울스토로프의 사과나무 중 특별한 한 그루에 '사과가 떨어진 나무'라는 표지가 붙었다. 1820년경 그 나무는 완전히 죽어버렸기 때문에 그 나무로 의자를 만들었는데, 그 의자는 아직도 보존돼 있다.

그 후 그 나무의 곁가지 하나가 과수연구소로 보내져 여러 번의 접목 끝에 새로운 사과나무가 만들어지고 세계로 널리 퍼져 우리나라의 대덕연구단지 표준연구소 뜰에서도 자라고 있다. 뉴턴의 사과나무는 '켄트의 자랑'이라는 품

핼리
(Edmund Halley, 1656~1742)
영국의 천문학자. 341개의 항성의 위치를 측정하고 수성(水星)의 경과를 관측했다. 1682년 핼리 혜성을 관측하고 주기(週期) 혜성의 존재를 확인했으며, 1718년에는 항성의 고유(固有) 운동을 발견하고 항성 불변의 개념을 깨는 등 근세 천문학에 많은 기여를 했다.

훅
(Robert Hooke, 1635~1703)
영국의 물리학자·천문학자. 자신이 만든 현미경으로 세포를 발견하였으며, 천체의 운행과 그 광학적 현상을 연구하여 빛의 파동설의 선구자가 되었고, 탄성에 관한 '훅의 법칙'을 발견하였다.

종으로 뉴턴 시대에는 굽거나 삶아 먹는 사과로 유명했다고 한다.

5. 뉴턴의 사과와 지구 중심

뉴턴의 사과는 지표에 떨어지면 운동을 멈춘다. 만약 사과가 지표를 뚫고 계속 떨어질 수 있다고 가정하면 그 사과는 어디를 향하며 그 후 어떻게 되겠는가?

지구의 모양은 완전한 구형이 아닌 적도 쪽이 부푼 타원체라는 사실은 이미 알아본 바 있다. 물론 극반지름이 6356.752km, 적도 반지름이 6378.137km여서 지구의 편명도는 1/298.257로, 거의 구형에 가까우나 분명 회전 타원체다.

그러면 지구의 중력은 왜 지구 중심을 향하지 않는 것일까? 그것은 간단히 말해 지구가 자전하기 때문이다. 적도 지방에서 대체로 본 지표의 자전 속도는 약 300m/s에 이른다. 다만 지표상에 있는 집, 나무, 땅, 더구나 대기까지도 지표와 같은 속도로 자전하고 있기 때문에 지표에 붙어사는 사람은 이를 느끼지 못할 뿐이다.

결국 지구의 이러한 운동으로 지표상에 있는 모든 물체는 빠른 속도로 원운동을 하고 있는 것이다. 돌을 실에 매

달아 원운동시킬 때 만약 실이 끊어지면 돌의 운동은 어떻게 되겠는가? 물체가 원운동을 하기 위해서는 그 방향을 틀어 줄 힘, 즉 구심쪽으로 향하는 힘이 필요한데 이를 구심력이라고 한다.

결국 그림에서 보는 것처럼 지표상에 있는 물체는 원운동하는 데 필요한 구심력 일부를 물체와 지구 사이에 작용하는 만유 인력에서 얻어 쓰고 있는 것이다. 따라서 중력은 만유 인력에서 구심력을 제한 나머지로 관측되는 것이므로 적도와 극지방을 제외한 모든 곳에서는 정확히 지구 중심을 향하지 않는 것이다.

‖ 지구 중력의 방향 ‖

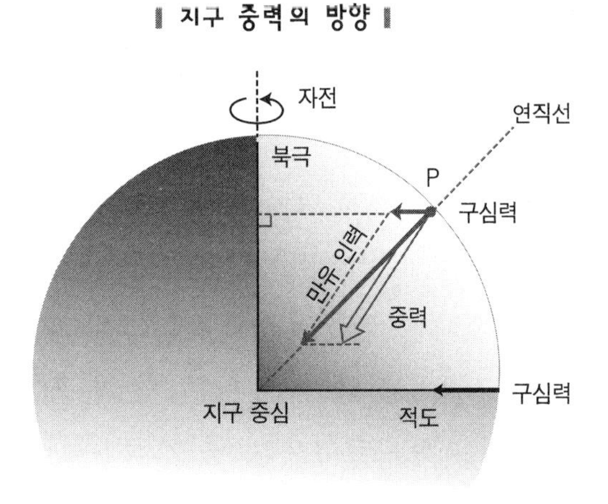

여기서 지구는 지축을 중심으로 자전하고 있으므로 위도에 따라 구심력의 크기가 다르게 된다. 극지방에서는 구

심력이 필요하지 않으므로 중력의 크기는 최대가 되며 적도 지방에서는 구심력이 가장 크므로 중력은 최소가 된다.

결국 사과에 작용하는 인력은 지표 부근에서 최대이며 이후 점점 적어지다가 지구 중심에서 0이 되며 다시 점점 증가하는데, 이때 그 방향이 반대다. 결국 사과는 떨어진 지점의 반대편 지표 부근까지 갔다가 다시 떨어지는 운동을 되풀이하게 된다. 그러나 지구는 균질한 물질로 구성돼 있는 것이 아니며 무거운 철이 중심핵을 이루고 가벼운 규산염 물질이 맨틀과 지각을 이루고 있으므로 지표에서부터 깊이에 따라 조금씩 증가하여 2900km 깊이에서 최대가 되고 그 이후 감소하여 지구 중심에서는 0이 된다.

| 사과에 미치는 중력의 크기 |

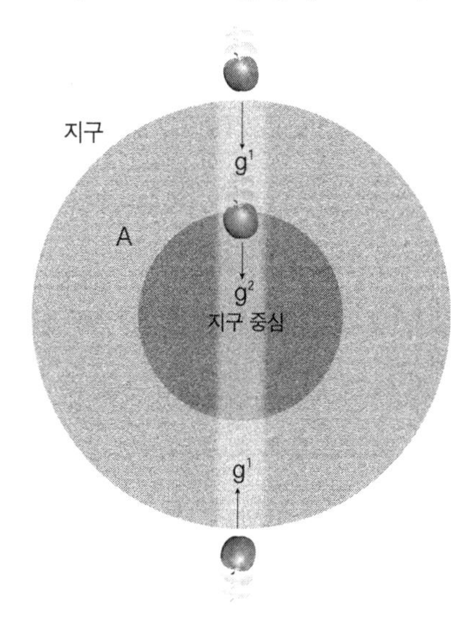

← 사과가 지표에 있을 때는 지구의 전 질량이 지구 중심에 있다고 가정해도 되지만, 지구 내부에 있을 경우엔 사과의 깊이에 해당하는 지구 물질의 중력은 미치지 않는 것으로 생각해야 한다.

6. 중력을 이용한 무동력 지하철

중력을 이용해 서울에서 동경까지 지하철을 건설했다고 하자. A에 있을 경우 중력은 지구 중심쪽으로 작용할 것이므로 지하철에 작용하는 힘은 수평 방향의 분력 f_1과 수직 방향의 분력 f_2로 나누어 생각할 수 있다. 따라서 지하철은 수평 방향의 분력 f_1에 의해 동경 쪽으로 나갈 것이다.

▌중력의 분포▐

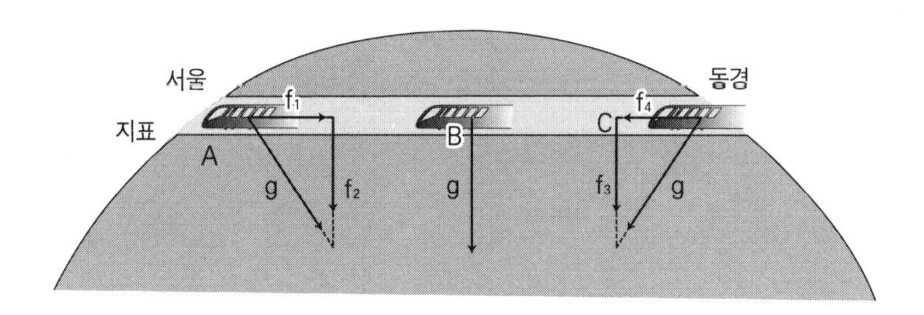

지하철이 B에 이르면 수평 방향의 분력은 0이 되며 이때부터 관성에 의해 운동한다. 그러나 B에서 C에 이르는 동안 수평 방향의 분력 f_4는 서울 쪽으로 작용할 것이므로 그 속도는 점점 늦어져 동경에 이르면 멈추게 된다. 마찬가지로 동경에 이른 지하철은 수평 방향의 분력 f_4에 의해 다시 서울 쪽으로 향하게 된다.

결국 지하철은 서울과 동경을 왕복하는 운동을 하게 된다. 물론 이는 지하철과 레일 사이에 작용하는 마찰력은 없는 것으로 가정할 때에만 가능하다.

생각할문제

지표에서 어떤 물체에 작용하는 힘은 그 물체와 지구 사이에 작용하는 만유 인력과 지구의 자전에 의한 원심력의 효과가 합쳐져 나타난다.

다음 그림은 지구 타원체의 단면에 중력의 요소를 모식적으로 나타낸 것이다.

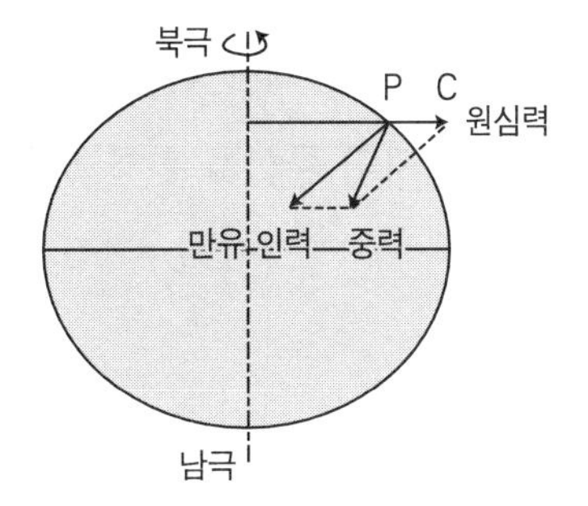

이 자료에 대한 설명으로 옳은 것을 다음 〈보기〉에서 모두 고른다면?

보기

ㄱ. 원심력은 극지방에서 최대가 된다.

ㄴ. 중위도에서 중력의 방향은 지구 중심을 향한다.

ㄷ. 중력의 크기는 극지방에서 최대가 된다.
ㄹ. 적도 지방에서 중력의 방향은 지구 중심을 향한다.

① ㄱ, ㄴ ② ㄴ, ㄷ ③ ㄷ, ㄹ
④ ㄱ, ㄴ, ㄷ ⑤ ㄴ, ㄷ, ㄹ

| **해 설** | 지구의 자전운동으로 자전축을 중심으로 각 지점은 원운동을 하는 것인데, 반지름이 클수록 원심력이 커지므로 원심력은 적도 지방에서 최대가 되고 극지방에서 최소가 된다. 한편 중력의 크기는 원심력이 가장 큰 적도에서 최소가 되고, 극지방에서 최대가 되며 중력의 방향은 극과 적도지방에서 지구 중심을 향하게 된다.

T·H·E·M·E 4

지구 자기장

읽기 전에

나침반은 물론 냉장고에 붙여두는 병 따개에서부터 최첨단 교통기관인 자기 부상 열차에 이르기까지 자석은 우리 실생활에 유용하게 이용되고 있다. 이 장에서는 우리의 일상 생활 전반에 밀접한 관련이 있는 자석은 무엇이며, 또 지구 자기력은 어떻게 작용하고 있는지 알아보자.

우리의 일상 생활에서 자석을 빼면 안 되는 부분이 매우 많다. 아침에 눈을 떴을 때 가장 먼저 바라보게 되는 벽시계는 자석을 이용해 추를 움직이며, 눈을 비비고 세면장에 가면 칫솔, 비누 등을 매다는 홀더에도 자석이 붙어 있다. 또 음악을 듣기 위해 오디오 장식장을 열면 유리문에도 자석식 홀더가 붙어 있어 문이 닫히거나 열릴 때 충격을 흡수하도록 만들어져 있다.

뿐만 아니라 물을 먹기 위해 냉장고를 열면 냉장고의 고무 패킹 등도 고무 자석으로 돼 있다. 우유를 데우기 위해 쓰는 전자레인지에도 자석이 쓰이고 있다. 전자레인지에는 파장이 짧은 전파를 내기 위해 마그네트론이라는 발진관이 쓰이는데, 여기에 자석이 쓰이고 있는 것이다.

우리가 흔히 쓰는 테이프 레코더는 물론 오디오, 냉장고, 선풍기 등 전동 모터에도 자석이 쓰이고 있으며, 냉장고 등에 붙이는 병따개도 밑판이 자석으로 돼 있음을 알 수 있다. 이와 같이 자석은 우리의 일상 생활에 없어서는 안 될 주요한 물품이다. 첨단 전자 산업, 핵자기 공명 장치 등 의료기, 또는 최신 교통수단인 자기 부상 열차 등에도 자석이 응용되고 있어 우리의 생활 전반에 밀접한 관련이 있다.

마그네트론
(magnetron)
극초단파를 발진하기 위한 특수 진공관. 원통을 양극으로 하고, 축에 음극을 두어 전체에 자기장을 마련하여, 음극에서 나온 전자의 내선상 궤도가 양극의 면에 접촉하도록 할 때, 이곳에서 극초단파가 생긴다.

핵자기 공명 장치
핵자기 공명 현상을 이용한 화학 분석 장치. 미량·비파괴적 화학 분석을 할 수 있고, 보통의 화학 분석으로는 불가능한 동위원소의 분석까지 할 수 있다는 장점이 있다.

자기 부상 열차
전자력에 의해 궤도 위를 일정한 높이로 떠서 마찰 없이 주행하는 열차. 시속 200킬로미터 정도의 중저속형과 시속 500킬로미터 이상의 초고속형 모두가 가능하다.

1. 옛날 사람에게 신기한 현상으로 보인 자석

자석은 중국에서 기원전 3세기, 서양에서 7세기경에 발견된 것으로 보인다. 쇠붙이를 끌어당기는 이상한 힘을 지니고 있으며, 더구나 중간에 나무 조각이나 다른 물체를 사이에 두어도 쇠를 끌어당기는 힘이 작용하는 자석은 옛날 사람들에게는 무척 신기한 현상으로 보였을 것이다.

자석은 자철석(magnetite)이라는 광석에서 천연적으로 산출된다. 자기(magnet)라는 말의 기원은 고대 마그네시아(magnesia) 지방에 천연 자철광이 많이 분포했기 때문인데, 이 지방의 이름을 따서 자석이란 말이 생겼다고 한다.

자석이 생활에 응용되기 시작한 것은 아마도 나침반이 최초일 것이다. 13세기 중반 이전까지 일반적으로 알려진

깜짝과학상식

나침반의 역사

종이, 화약과 더불어 중국 3대 발명품 중의 하나인 나침반을 언제, 누가 발명했는지는 정확히 알 수 없다. 기록에 의하면 B.C. 1,500년경 중국에서 자석이 쇠를 끌어당기는 것을 알고 있었다고 하나 그 지북성(指北性)은 좀더 뒤에 발견한 듯하다. 우리나라에서도 삼국시대에 패철(佩鐵)이라는 나침반을 사용하였다고 하며, 지금도 풍수지리를 보는 지관들이 사용하는 것을 볼 수 있다. 중국의 나침반은 1260년대 마르코 폴로가 유럽으로 전했다고 한다.

자기 이론은 자석이 쇠붙이를 끌어당기는 힘이 있다는 것과 자침이 항상 북쪽 방향을 가리키는 성질이 있는 것 등이다. 나침반이 북쪽을 향하는 것은 북극에 강력한 자석으로 이루어진 산이 있기 때문이거나 또는 북극성의 영향 때문이라고 생각했다.

2. 체계적으로 연구한 길버트

자기에 대해서 체계적인 방법으로 연구한 사람은 길버트다. 길버트는 1540년 영국의 에식스 지방에서 태어났으며, 의사로서 명성을 얻은 동시에 물리학, 화학, 천문학 등에 능통한 과학자로 알려져 있다. 그는 대학을 졸업한 후 의학을 공부했는데, 과학자로서의 명성이 알려진 것은 그가 죽기 3년 전인 1600년 《자기에 관하여》라는 책을 출판하고부터다.

그는 모두 6권으로 된 《자석에 관하여》라는 책을 발간했는데, 이 책을 통해 지구는 남과 북극이 자기극으로 돼 있는 거대한 구형 자석이라고 주장했다. 이를 설명하는데 테렐라(Terrella, 작은 지구)라고 이름 붙인 구형 자석을 이용해 실험했다.

그는 여기에서 자석의 끌어당기는 힘에 관계되는 여러

성질들을 주의 깊게 관찰했다. 자석의 끌어당기는 힘은 모든 방향으로 순간적으로 뻗어나가되 일정한 한계를 가진다는 것과 연쇄적으로 자화돼 자석에 쇠사슬처럼 매달린 쇠못들은 자석의 본래 영향권보다 더 멀리까지 이어질 수 있다는 사실을 알게 됐다. 그리고 반구형의 얇은 철판들로 자석의 양극을 감싸면 자석을 강화시킬 수 있다는 것과 테렐라의 북극 위에 철로 된 원판의 중심을 올려놓으면 원판의 가장자리를 돌아가면서 자극이 생긴다는 것 등을 비롯한 흥미로운 사실을 밝혔다.

또한 테렐라의 분할 실험은 자석의 끌어당기는 힘을 설명하는 데 기본적이고 중요한 실험이었다. 이 실험을 통해서 자석의 에너지는 모든 부분에 균등하게 퍼져 있고 양극 쪽으로 갈수록 끌어당기는 힘이 강해지는 것은 모든 부분의 균등한 에너지가 양극 방향으로 집중돼 있기 때문이라고 주장할 수 있는 근거를 마련했다.

그의 저서 《자석에 관하여》는 3권부터 5권까지 자침이 항상 남북 방향을 가리키는 것과 남북 방향의 편차, 수평면에 대한 복각 등에 대해서 다뤘다. 이들은 지구 위에서의 나침반의 자침 운동과 구형 자석 테렐라 위에서의 자침 운동과의 유사성을 연관시켜 여러 현상을 설명했다.

3. 지구 자기의 3요소

나침반은 지구상에서 항상 일정한 방향을 가리킨다. 이것은 지구가 자기장을 가지고 있기 때문이다. 자침의 방향을 추정해 보면 지구 자기장의 자기력선은 그림과 같이 형성돼 있다. 이것은 마치 지구 내부에 지구 자전축에 대해 11.5° 만큼 그린란드 쪽으로 기울어져 있는 거대한 막대자석이 들어 있는 것처럼 형성돼 있다.

▌지구의 자기장▐

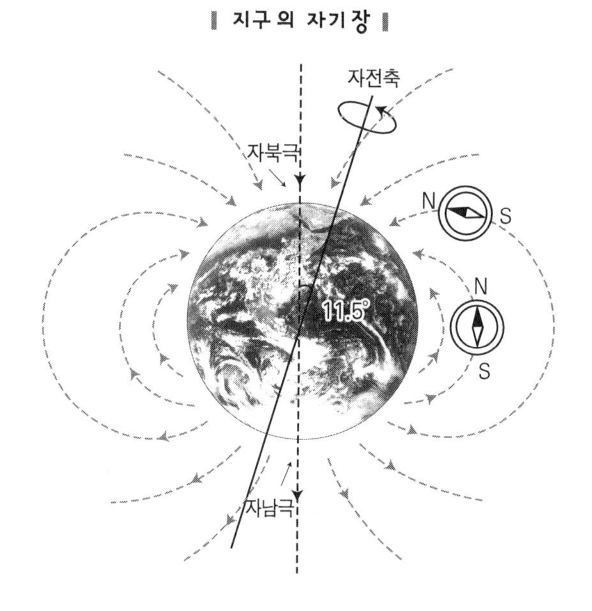

따라서 어느 한 지점에서 자침이 가리키는 방향과 지리상의 북쪽은 일치하지 않게 된다. 다음 그림에서 보듯이

수평면에 대해 자침의 N극이 가리키는 방향이 지리상의 북쪽과 이루는 각을 편각이라고 한다. 서울 지방의 편각은 약 5° W다.

또한 자침은 연직면에서 자유롭게 회전하게 하면 수평면에 대해 기울어진 방향을 가리킨다. 이 기울어진 각을 복각이라고 하며 복각 방위계로 측정할 수 있다.

‖ 지구 자기의 3요소 ‖

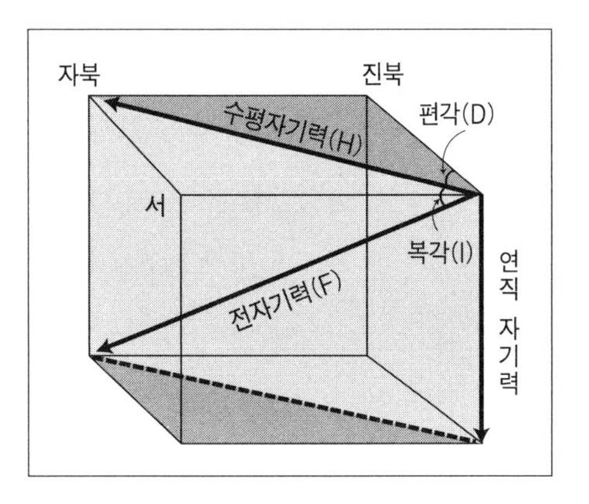

‖ 복각과 위도의 관계 ‖

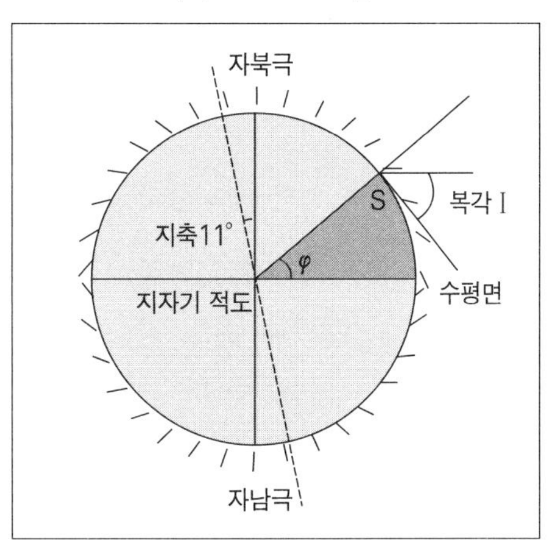

복각에 대해서는 이미 길버트가 위도와 관련이 있다는 사실을 경험적으로 알아낸 바 있다. 오른쪽 그림에서처럼 복각(I)와 위도(φ)는 지리상의 북극과 자북극이 일치한다고 할 때 $\tan I = 2\tan\varphi$의 관계가 있다. 이 사실은 어느 지점의 지구 자기의 복각을 측정함으로써 위도에 대한 단서를 얻을 수 있다는 것이 되므로 고지구 자기의 연구를 이용해 고대륙의 이동을 알아보는 데 매우 유용하게 쓰인다.

지표상 어느 지점에서의 전자기력은 자석의 N극에 작용하는 힘을 말한다. 이 힘을 연직 성분과 수평 성분으로 구분해 각각 연직자기력 · 수평자기력이라고 한다. 결국 수평자기력과 지리상의 북쪽이 이루는 각이 편각이 되며, 수평자기력과 전자기력이 이루는 각이 복각이 된다. 따라서 지구 자기장은 각 지점에서 수평자기력 · 복각 · 편각으로 나타낼 수 있으므로 이를 지구 자기의 3요소라고 한다.

4. 지구 자기는 변한다

지구 자기장의 세기와 방향은 일정 불변한 것이 아니다. 지구 자기장은 지구 내부의 원인과 외부의 원인에 의해 수시로 변한다.

영국 런던과 프랑스 파리에서는 과거 4백여 년 간 편각

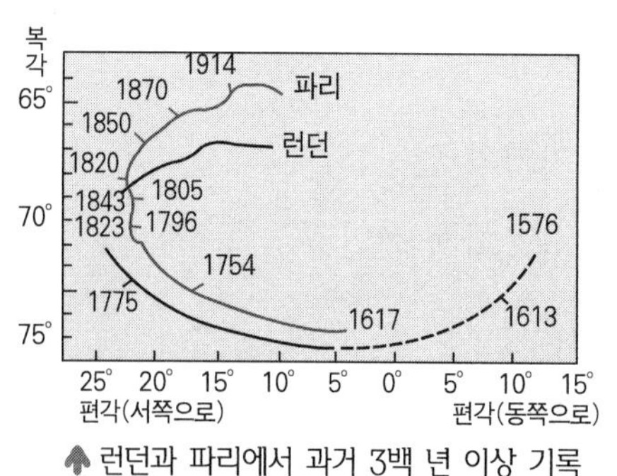

▲ 런던과 파리에서 과거 3백 년 이상 기록된 복각과 편각의 변화

지구 자기의 영년 변화

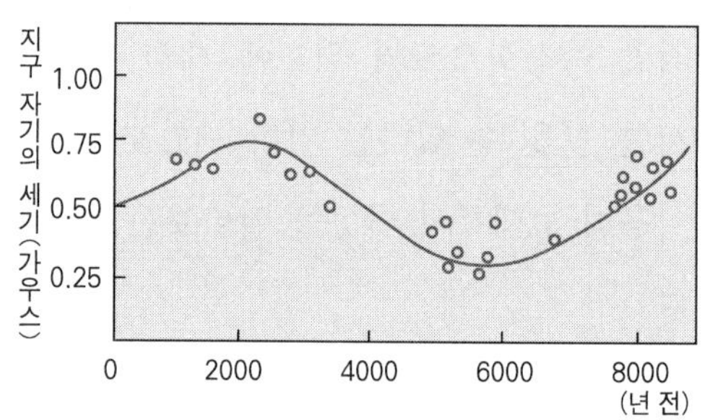

과 복각을 측정, 그 결과를 다음 그림과 같이 나타냈다. 이에 의하면 과거 4백여 년 간 편각이 30°, 복각이 20° 정도 변했다는 것을 알 수 있다. 이것은 지구 자기장이 수십 년 단위로 서서히 변화하고 있음을 말해주는데, 이를 영년 변화라 한다.

지구 자기장은 매일 규칙적인 변화를 반복하는 일변화, 또는 급격히 변화하는 자기 폭풍 등이 있다. 어느 곳의 지자기의 일변화는 주간에 그 변화가 심하고 저녁에 변화의 폭이 작으며 겨울보다 여름에 그 변화의 폭이 큰데, 일변화의 폭은 수십 감마(γ) 정도다. 지구 자기 변화의 원인은 지구 대기의 전리권에 생긴 유도 전류에 의해서 생기는 자기장이 본래의 지구 자기장에 첨가됨으로써 생기는 것이라고 설명된다.

자기 폭풍은 수시간부터 2~3일 간의 짧은 순간에 지자기가 크게 변하는 것을 말하며, 대체로 변화폭이 수백 감마에 이르러 장거리 무선 통신에도 영향을 준다. 자기 폭풍은 주기적으로 발생하며 태양 흑점의 주기와 대체로 일치해 태양 활동과 관련이 있는 것으로 생각된다.

즉 태양의 활동이 활발할 때 태양에서 방출된 다량의 양성자, 전자 등이 지구 대기의 전리층을 교란시켜 지구 자기장이 변화하는 것으로 여겨지고 있다. 자기 폭풍이 심할 경우 송전선이 격동돼 전신주가 뽑히고, 발전기가 망가지

깜짝과학상식

전파예보

자기 폭풍 때에는 전리층의 상태가 흩어져서 원거리의 단파통신이 곤란하게 될 때가 자주 일어나는데, 이와 같은 상태를 지자기(地磁氣)·전리층·코로나·흑점 등의 관측에 의거해서 예보하는 것을 말한다. 특히 통신 상태가 악화된다고 예상될 때에는 전파경보를 낸다.

전파예보는 제2차 세계대전 중 작전상의 필요로 세계 각국에서 실시되었는데, 전시 중에는 이 예보를 이용하여 통신 장애를 일으키고 있을 때를 이용해서 상륙작전(예:오키나와 상륙작전)이 행하여지기도 하였다.

는 등의 피해를 입기 때문에 태양의 활동을 계속적으로 관측해 자기 폭풍을 예보하고 있다.

다이너모 이론
지자기(地磁氣) 발생에 관한 이론. 지구의 중심부에는 지구 반경의 거의 반을 차지하는 중심핵이 있는데, 이것이 도전성(導電性)의 유동체이므로 지구의 자전과 함께 대류운동을 일으켜, 그 운동에너지가 전자기장의 에너지로 바뀜에 따라 지구 주위에 자기장이 생긴다고 하는 이론.

5. 지구 자기의 성인

지구 자기장의 원인은 아직 잘 알려져 있지 않으나 대체로 다이너모(dynamo) 이론이 널리 받아들여지고 있다. 한때 지구는 핵을 구성하는 물질인 철과 니켈이 자성을 가지고 있어 지구 내부에서 영구 자석을 만들고 있다는 영구 자석설이 주장되기도 했다.

▌다이너모 이론 모형▐

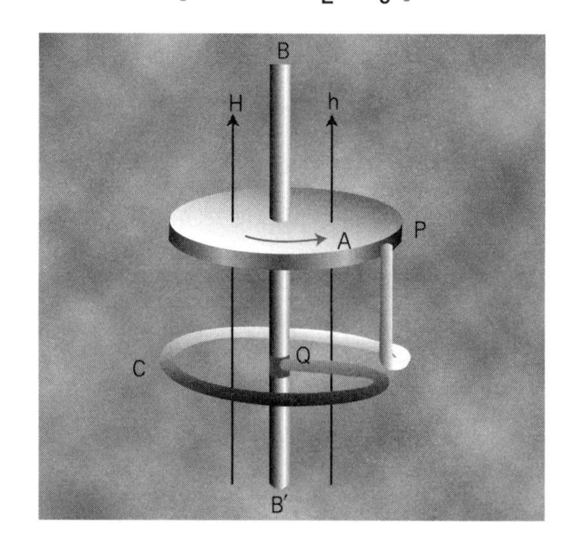

➔ 전도체인 원판 A가 BB′를 축으로 회전하면 BB′ 방향의 자계 H가 생긴다. A 안에는 반경방향으로 전류가 생기고 P, C, Q를 경유해 다시 A로 돌아온다. 원형 코일을 흐르는 전류에 의해 생기는 자계 h는 원판 A에 의해 생기는 자계 H와 동일 방향이다. 따라서 H를 제거해도 h의 자계만으로도 이 자기 발전기는 자기력을 계속 유지하게 된다. 지구에서 H는 미소한 우주 자장 또는 지구 내부에 자연 발생하는 열전류에 따른 것으로 생각되고 있다.

그러나 철은 770℃보다 높은 곳에서, 니켈은 360℃보다 높은 온도에서 자성을 잃으므로 지구 내부의 높은 온도에서 핵을 구성하는 철과 니켈이 영구 자석을 만들고 있다고는 생각할 수 없다.

1940년대부터 지구 자기장의 성인으로 다이너모설이 주장되고 있는데, 이 설에 의하면 지구 자기장은 외핵 내를 계속 흐르는 전류에 의해 유지된다고 한다. 이 전류는 전기적으로 도체인 외핵의 물질이 자기장에서 대류 운동을 하므로 흐르게 되는 것으로 본다. 위의 그림은 가장 간단한 모형인데, 이것은 마치 발전기를 돌릴 때 전류가 흐르게 되는 원리와 같다. 다이너모설로 지구 자기장의 존재와 지구 자기장의 영년 변화 등이 잘 설명되고 있다.

6. 지구 자기장으로 대륙의 이동이 밝혀졌다

지구는 탄생하면서 지구 자기장이 형성돼 있었다. 마그마에서 암석이 형성될 때 온도가 낮아지며 광물의 결정이 생기고, 어느 온도에 이르면 당시의 자기장 방향으로 자화돼 굳어지게 된다. 따라서 암석에 분포하는 잔류 자기를 조사함으로써 그 암석이 형성되던 당시의 지구 자기장의 방향을 알 수 있다.

이러한 방법으로 여러 곳의 잔류 자기를 조사한 결과 대륙이 이동했다는 확실한 증거를 찾게 된 것이다. 즉, 고지구 자기를 연구한 결과 북미와 유럽에서 측정된 고지구 자기로 다음 그림과 같은 결과를 얻었다.

고지구 자극의 이동경로

C : 캄브리아기
S-D : 실루리아기~데본기
S-Cl : 실루리아기~전기 석탄기
Cu : 후기 석탄기
P : 페름기
Trl : 전기 트라이아스기
Tru : 후기 트라이아스기
Tr : 트라이아스기
K : 백악기

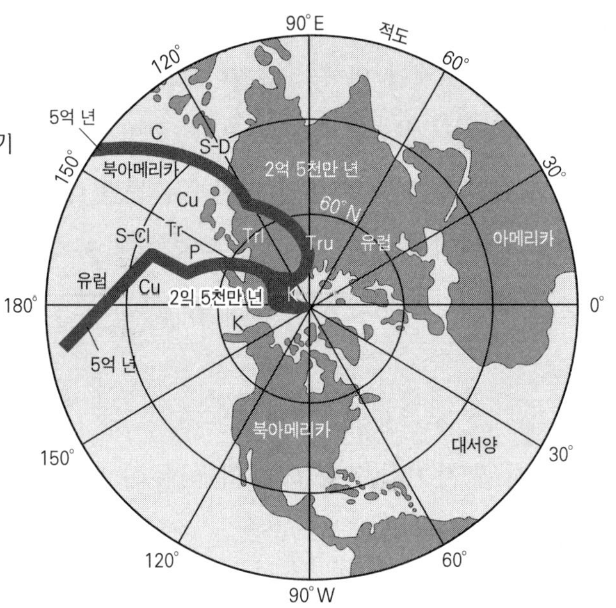

당시 지구 자극이 2개였던 것으로는 생각할 수 없으므로 북미와 유럽 대륙이 각 시대별로 조금씩 이동했다고 생각하면 잘 설명되는 것이다.

‖ 자극의 이동과 대륙의 이동 ‖

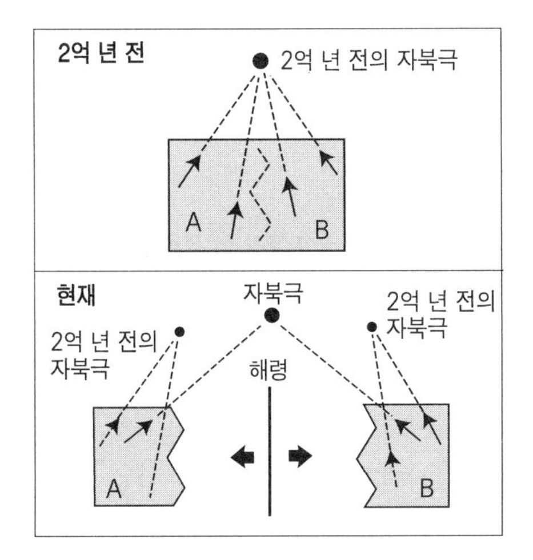

2억 년 전 지구 자기장의 방향으로 형성된 암석 중의 잔류 자기는 대륙의 이동으로 현재에는 다른 방향을 가리키게 된다.

7. 지구 자기장의 변화를 측정해 보자

지구 자기장은 하루 동안에도 계속 변화하고 있다. 이를 실험을 통해 확인할 수 있는 방법 중 간단한 것이 나침반을 이용해 편각의 변화를 측정하는 것이다.

즉, 나침반은 지구 자기의 극을 가리키고 있는데, 지구 자기장이 변화하므로 이 편각이 변화하는 것이다. 그러나 그 변화량이 극히 적기 때문에 직접 눈으로 관찰해 알아내기란 어렵다.

따라서 나침반의 움직임을 확대해 볼 수 있는 장치를 제작해야 하는데, 비교적 간단한 방법을 소개한다. 그 원리는 나침반의 침 상하에 광다이오드와 포토트랜지스터를 장치해 나침반의 침이 광선을 자르는 양의 변화를 전기적으로 측정할 수 있게 한 것이다.

포토트랜지스터
빛의 조사(照射)로 생긴 캐리어로서, 전류를 증폭하는 트랜지스터이다.

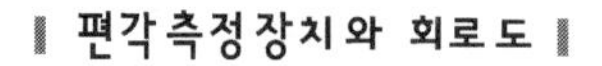

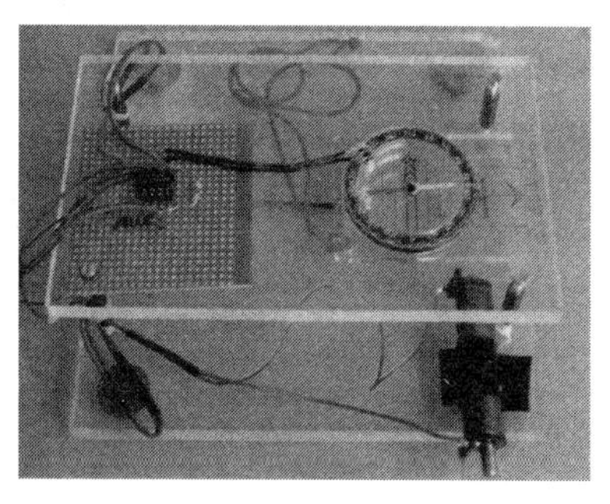

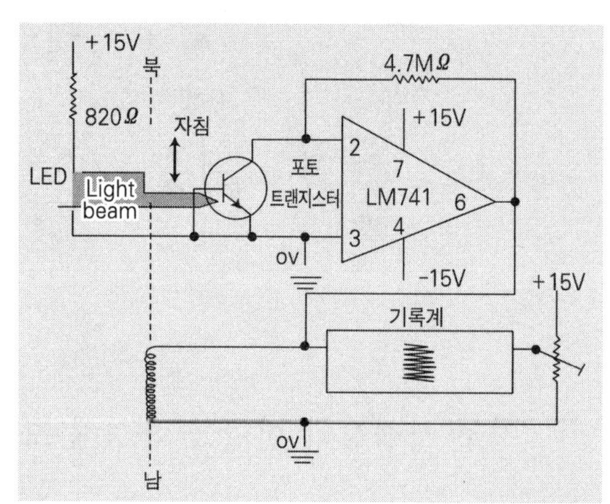

이와 같이 지구 자기장의 미소한 변화는 지구상에 살고 있는 생명체에 어떤 방법으로든 영향을 미치고 있을 것으로 생각된다. 최근에 자석을 이용한 장신구, 자석요, 자석을 이용한 정수장치 등이 선풍을 일으키고 있으며, 식물체에 자기장을 걸어 주었더니 더욱 잘 자란다는 등의 보고를 접한 적이 있다.

아직 과학적으로 입증된 사실은 많지 않지만 자기장의 변화는 인간에게 많은 영향을 미치고 있을 것으로 생각된다. 지구 자기에 관심을 갖는 길버트와 같은 과학도들이 장차 많이 나타나 지구 자기에 얽힌 신비한 현상들이 밝혀지길 기대한다.

생각할문제

다음 그림은 지구 자기장의 편각 분포를 나타낸 것이다.

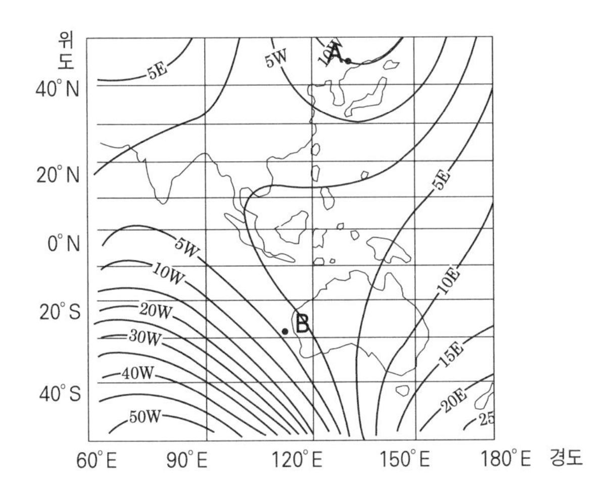

다음 〈보기〉에서 이 자료를 바르게 해석한 것을 모두 고르면?

보기

ㄱ. 우리나라 부근은 대체로 서편각이 나타난다.

ㄴ. 편각 분포는 대체로 위도와 평행하다.

ㄷ. 남반구에 비해 북반구에서 편각이 크다.

ㄹ. A에서 B로 가는 동안 자침은 시계 방향으로 10°
돌아간다.

① ㄱ, ㄹ ② ㄴ, ㄷ ③ ㄷ, ㄹ
④ ㄱ, ㄷ, ㄹ ⑤ ㄴ, ㄷ, ㄹ

| 해 설 | 그림에서 편각 분포는 위도 및 경도와 관련 없이 분포하며, 우리나라는 서편각 5~10° 범위이며, A지점은 서편각 10° 이고, B지점은 편각이 0° 이므로 A에서 B로 가는 동안 나침반의 바늘은 시계 방향으로 돌아가게 된다.

편각은 진북을 기준으로 자북이 기울어진 각을 나타내는 것인데 편각 분포는 위도와 큰 관련이 없으며, 남반구는 50° 까지 분포하나 북반구는 10° 정도에 불과하므로 남반구가 크다고 할 수 없다.

T·H·E·M·E 5

지구의 운동

읽기 전에

16, 17세기를 우리는 흔히 과학 혁명기라고 한다. 이것은 두말할 나위 없이 지구 중심 체계(천동설) 우주관에서 태양 중심 체계(지동설) 우주관으로 변천을 주도한 두 과학자, 코페르니쿠스와 갈릴레이가 있었기 때문일 것이다. 이 장에서는 지구 중심 체계의 우주관에서 태양 중심 체계의 우주관으로 변천된 과정에 대해 알아보자.

코페르니쿠스
(Nicolaus Copernicus, 1473~1543)
폴란드의 천문학자. 로마 가톨릭 교회의 성직자. 그리스 사상의 영향을 받아 육안에 의한 천체 관측에 의거, 태양이 우주의 중심이며, 지구를 포함한 모든 행성이 태양 주위를 완전한 원형 곡선으로 돌고 있다는 지동설을 주장하여, 당시의 종교계·이학계(理學界)에 일대 혁명을 초래했다. 저서 《천체의 회전에 관하여》는 교회와의 마찰을 피하여 죽음 직전에 간행되었다.

코페르니쿠스는 1473년 비스툴라 강가의 토룬에서 태어났다. 그의 아버지는 부유한 상인이며 관리여서 가정은 유복했다. 그러나 그는 10세 때 아버지를 여의고 아저씨 루카스 바젤로데에 의해 양육됐는데, 그의 아저씨는 1489년 에름란트의 주교가 되었다. 코페르니쿠스는 그를 따라 1496년에서 1506년까지 이탈리아에 유학했다.

그 후 1512년 아저씨가 사망하자 귀국하여 발트해안의 프라우엔부르크에서 성직을 맡았다. 여기서 30년에 걸친 그의 활동은 의학·정치·교회·재정 등에 관한 것이었으나, 그의 주된 관심은 이탈리아에 유학할 때부터 생각한 새로운 우주 체계에 대한 것이었다.

1. 발상의 전환—코페르니쿠스

이것은 그간 믿어져 내려온 프톨레마이오스의 '우주의 중심은 지구'라는 지구 중심 체계를 부정하고, 기원전 일부 그리스인의 생각이기도 했던 '우주의 중심은 태양'이라는 발상을 받아들이는 것이었다. 당시가 그리스·로마 문명의 쇠퇴 이후 1천 년에 걸친 천문학적 휴면기임을 생각하면, 이와 같은 생각은 가히 혁명적 발상의 전환이라 할 수 있는 것이다.

그의 새로운 우주 체계는 태양을 중심에 두고 지구에 세 가지 운동을 부여한 것이었다. 즉 지구는 하루를 주기로 자전한다는 것과, 1년을 주기로 태양을 중심으로 운동한다는 것, 그리고 지축을 중심으로 하는 세차운동(歲差運動)이 그것이다. 그는 이를 설명하기 위해 《논평》이라는 작은 책을 썼는데, 1530년경부터 그의 친구들 사이에서 이 책의 사본이 읽혀졌다. 이에 심취한 게오르그 레티쿠스는 2년 동안 코페르니쿠스 밑에서 공부한 끝에 1540년 이 책의 해설을 공표하기도 했다.

세차운동
팽이가 돌며 머리를 흔들 듯이 지구의 자전축이 궤도에 대하여 23도 30초의 경사도를 가지고 원운동을 하며 자전하는 운동.

레티쿠스는 코페르니쿠스의 역저인 《천구의 회전에 관하여》를 발간하는 일도 하게 되지만 후에 루터파의 목사인 오시안더가 이 일을 맡게 됐다. 오시안더는 코페르니쿠스의 저서에 서언을 추가해 마침내 1543년 《천구의 회전에 관하여》라는 책을 발간했다. 이 책의 서언에는 코페르니쿠스의 생각과 달리 '이 새로운 이론은 반드시 사실은 아니며, 천체의 겉보기 운동을 설명함으로써 앞으로의 위치를 예측하기 위한 단순한 수학적 수단으로 간주할 수 있는 것'이라 쓰여 있어 당시 종교적 관념과 관측적 사실 사이의 갈등을 엿보게 해주고 있다.

2. 행성의 겉보기 운동

태양 중심설이나 지구 중심설 등은 단순히 철학적인 것이 아니라 과학적인 관측을 토대로 발전한 것이다. 이 중 행성들의 운행에 관해서는 행성의 겉보기 운동 해석이 토대가 됐다.

태양계 내의 행성들 중 수성, 금성, 화성, 목성, 토성 등은 육안으로 충분히 볼 수 있을 정도로 밝다. 이들을 매일 밤 관측해 보면, 천체의 일주 운동과는 달리 행성은 천구상의 별자리 사이를 조금씩 옮겨 다니는 것을 알 수 있다.

금성의 겉보기 운동

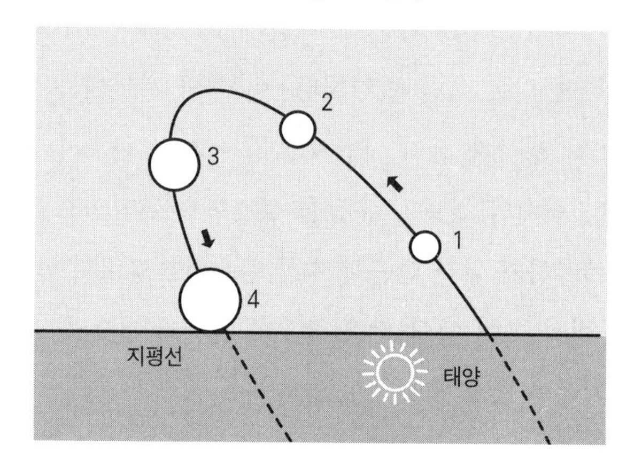

➔ 태양이 진 직후 금성의 위치를 매일 관측하면 1-2-3-4와 같이 이동해 태양을 중심으로 겉보기 운동하는 것을 알 수 있다.

행성의 이러한 운동은 지구에 대한 행성의 상대적인 공전 운동에 의한 것이다. 따라서 행성들의 실제 운동이 아니므로 겉보기 운동이라 한다. 겉보기 운동은 특이해 고대로부터 많은 관측이 이루어져 왔으며, 이러한 관측 결과를 토대로 우주관과 태양계의 모습이 발달돼 온 것이다.

행성들의 겉보기 운동은 수성과 금성의 경우 항상 태양을 중심으로 좌, 우 일정한 각 내에서만 관측된다. 이들이 태양에서 가장 멀리 떨어져 있을 때 이루어지는 태양으로부터의 각 거리를 최대 이각이라고 하며, 수성은 28°, 금성은 약 48°의 값을 가지게 된다.

이러한 관측적 사실을 프톨레마이오스는 행성들이 주

지동설과 천동설

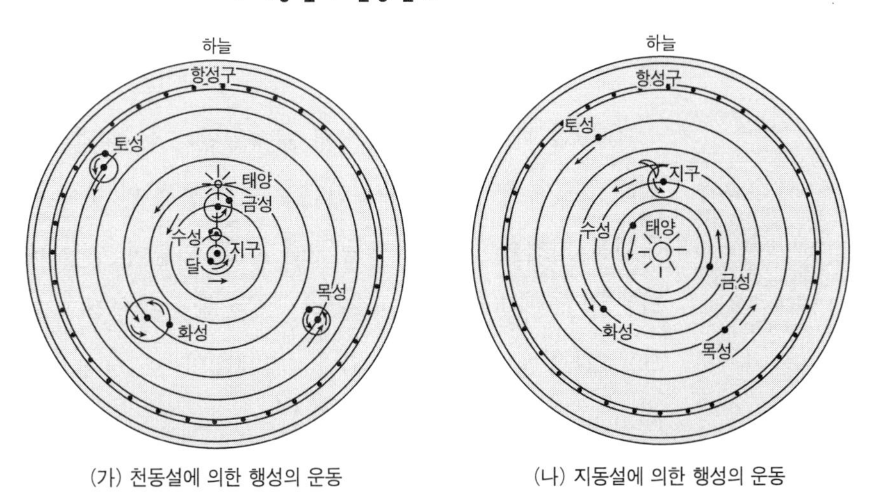

(가) 천동설에 의한 행성의 운동

(나) 지동설에 의한 행성의 운동

(가)에서 보듯이 프톨레마이오스의 체계에 의하면 지구에서는 항상 금성의 반대쪽 전면만을 볼 수 있기 때문에 초생달 모양만 보여야 할 것이다. 그러나 (나)와 같이 코페르니쿠스 우주 체계에 의하면 초생달, 반달, 보름달의 모양이 모두 가능하고 특히 보름달 모양일 때에 가장 멀리 떨어져 있어 크기가 작고 반대의 경우에는 커지게 된다. 망원경에 의한 관측 결과는 코페르니쿠스 체계에서 예측된 결과를 보여주었고 이것은 코페르니쿠스 체계에 대한 강력한 증거로 생각됐다.

전원이라는 작은 원 주위를 돌면서 이심원이라는 큰 원을 따라 움직이는 것으로 설명했다. 코페르니쿠스는 이러한 사실을 수성과 금성이 지구보다 태양 가까이에서 태양 주위를 돌고 있기 때문이라고 설명했다.

3. 갈릴레오와 망원경

천문학자로서의 갈릴레이는 태양계에 대한 프톨레마이오스의 체제를 그대로 받아들이는 대신 자기가 직접 망원경으로 관측한 사실을 토대로 하여 새로운 이론을 전개했다.

1609년 파도바 대학의 수학 교수였던 그는 네덜란드의 리페르셰가 유리를 갈아서 만든 기구를 통해 먼 곳에 있는 물체를 가까이 본다는 소문을 듣고 곧 배율이 수십 배나 되는 정교한 망원경을 만들었다. 그는 새로 발명한 망원경으로 관측한 결과를 1610년 《별세계의 보고(Siderius Nuncius)》라는 책으로 발간했다.

갈릴레이 망원경
굴절 망원경의 한 가지. 대물 렌즈는 볼록 렌즈, 대안 렌즈는 오목 렌즈를 이용한 것으로 정립상(正立像)이 얻어진다. 처음 네덜란드에서 만든 것을 갈릴레이가 개량하였다.

갈릴레이는《별세계의 보고》라는 책을 발간하면서 천문학자로 명성을 얻은 후 투스카니 대공작의 궁정 수학자 자리를 얻고 플로렌스로 거주지를 옮겨 천체 관측을 계속했다.

갈릴레이는 여러 가지 발견한 사실들을 암호 문장으로 간결하게 적기도 했는데, 금성을 관측한 결과는 '사랑의 여신은 신시어(Cynthia)의 모습을 흉내내고 있었다.'라 적고 있다. 이 암호 문장이 의미하는 것은 무엇일까?

그는 망원경을 통해 달의 울퉁불퉁한 표면을 보고 놀랐다. 그것은 하늘에 떠 있는 달도 지구와 같이 추한 모습이었기 때문이다. 당시 상식으로 돼 있던 신성한 천상계와 추한 지상계의 구분이 이제는 필요없게 된 것이다.

이 사실에 입각해서 갈릴레이는 천체가 그 전까지 믿어온 것처럼 완전무결한 것이 아니라는 생각을 하게 됐다. 그리고 은하수란 많은 별의 집단이라는 것과 태양에도 흑점이 있으며, 이것이 움직이는 것을 통해서 태양도 자전하고 있음을 알아냈다.

갈릴레이가 망원경을 통해 발견한 사실 중에서 놀랄 만한 것은 목성에 위성이 있다는 것이었다. 그는 몇 개월 간

깜짝과학상식

▮ 갈릴레이 4대 위성

1610년 갈릴레이는 자신의 망원경을 이용하여 목성을 관측하여, 목성 주위의 4개의 위성을 발견하였다. 이 위성을 '갈릴레이 4대 위성'이라고 하며, 네덜란드 천문학자 마리우스에 의해 이오, 에우로파, 가니메데, 칼리스토라는 이름이 지어졌다.

▮ 갈릴레이의 관측 기록 ▮

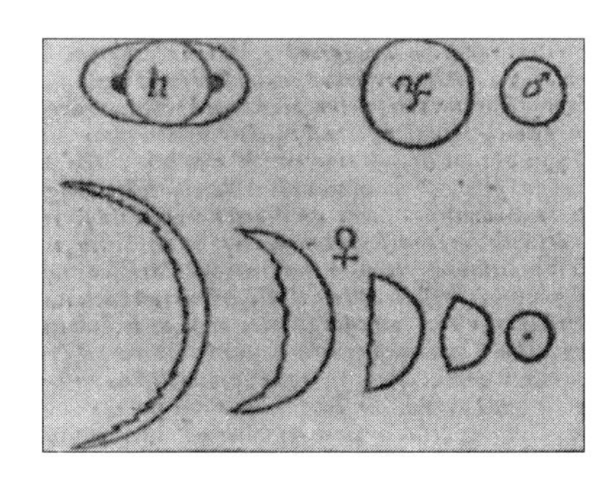

◀ 여러 행성을 관측한 모습이 기호와 함께 그려져 있다. 위쪽에 그려진 것은 왼쪽부터 토성, 목성, 화성이며, 그 아래 금성의 크기와 모양이 변하는 모습이 그려져 있다.

목성을 면밀히 추적함으로써 위성이 목성의 주위를 공전한다는 것을 확인했다.

갈릴레이는 메디치 군주의 집안에 경의를 표하기 위해 이 별의 이름을 '메디치의 별'이라 불렀다. 목성에 또다른 작은 별이 돌고 있다는 사실로부터 태양이 지구보다 클 때에는 지구도 태양의 주위를 돌 수 있다는 결론을 얻을 수 있었던 것이다.

또 다른 발견은 금성의 위상 변화였다. 금성에서도 달과 마찬가지로 차고 기우는 현상이 있음을 발견했는데, 이것은 금성이 태양의 주위를 돈다는 결정적인 증거였다.

당시의 망원경은 대부분 장난감이나 전쟁 용기로 사용됐으나 그는 그것을 하늘로 돌려서 그 관측 기록을 근거로 삼아 코페르니쿠스의 학설을 지지했던 것이다.

4. 금성의 위상 변화—지동설의 강력한 증거

갈릴레이는 금성의 위상 변화를 관측한 결과를 해석, 그 크기가 변하는 것으로 보아 금성은 지구가 아니라 태양을 중심으로 공전하고 있으며 그 위상이 변하는 것으로 보아 금성은 스스로 빛을 내지 못하고 태양빛을 반사해 빛나고 있다는 사실을 알아냈다.

우리는 여행할 때 차창 밖으로 보이는 전봇대의 크기가 그 거리에 따라 서로 다르게 보이며, 이를 이용하면 각 전봇대까지의 거리를 구할 수도 있음을 알고 있다.

예를 들어 차창 밖으로 전봇대들이 그림과 같이 늘어서 있다면 가장 먼 전봇대까지의 거리는 가장 가까운 전봇대까지 거리의 약 4배가 된다. 이것은 연주시차(年周視差)를 측정해 별까지의 거리를 구하는 원리와 같이 각크기가 $\frac{1}{4}$이기 때문인 것이다. 즉 별의 거리 r, 별의 연주시차 P는 $r = \frac{1}{p}$의 관계가 있음을 상기하자.

연주시차
어떤 항성을 지구에서 본 방향과 태양에서 본 방향의 차. 즉, 지구 궤도의 직경의 양단에서 어떤 천체를 보는 각도의 반. 연주시차를 관측하여 천체의 거리를 결정한다.

| 전봇대까지의 거리와 각 크기 |

← 가장 작게 보이는 것이 가장 멀리 있는 것이다. 결국 거리와 각 크기는 서로 반비례한다.

이와 같은 원리로 망원경을 통해 금성의 각 크기를 측정하면 각각의 거리를 계산할 수 있다.

‖ 망원경 관측에 의한 금성의 크기 변화 ‖

➔ 모든 사진은 같은 배율로 촬영한 것이다.

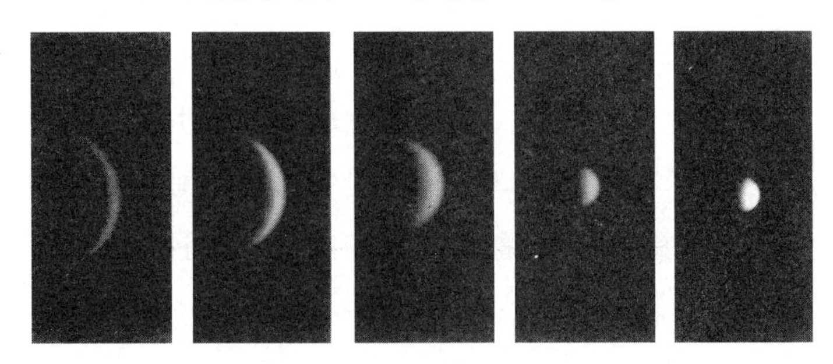

다음 표는 1994년 금성의 각 크기를 월별로 나타낸 것이다. 금성이 가장 크게 보일 때와 가장 작게 보일 때의 거리의 비는 얼마인가? 또 금성이 가장 밝게 보일 때는 언제인가?

‖ 1994년 금성의 각 크기 ‖

날 짜	1.1	2.10	3.11	4.10	5.10	6.9	7.9	8.8	9.7	10.7	11.6	12.6
각 크기(″)	9.75	9.76	10.05	10.60	11.56	12.55	15.83	20.33	28.61	45.20	61.61	42.64
거 리(AU)	1.70	1.70	1.66	1.57	1.44	1.26	1.05	0.82	0.58	0.37	0.27	0.39

표에서 알 수 있듯이 금성이 가장 크게 보일 때는 11월 6일로 61.61″이고 가장 가까울 때는 1월 1일로 9.75″이다. 이를 이용하면 가장 가까울 때의 거리와 가장 멀리 떨어져 있을 때의 거리의 비는 약 6배가 된다.

이와 같은 관측적 사실을 프톨레마이오스의 천동설로

설명하기 위해서는 이심원의 약 2/3에 해당하는 크기의 주전원을 가정해야 하는데, 이는 당시 알려진 것과 큰 차이가 있었다.

뿐만 아니라 갈릴레이는 금성이 초생달 모양으로 보일 때 가장 크게 보이며 보름달 모양으로 보일 때 가장 작게 보인다는 사실을 관측했다. 이것은 천동설로 도저히 설명할 수 없는 것이다.

갈릴레이는 관측을 통해 금성이 달처럼 위상이 변하는 것은 천동설에서는 설명이 안 되지만 코페르니쿠스의 지동설과는 잘 맞는다는 사실을 알게 됐다. 그러나 이는 당시 천동설을 인정하는 교회의 정책과 정면으로 충돌을 일으키게 돼 1616년 코페르니쿠스의 학설을 반대하라는 교회의 압력을 받게 됐다.

금성의 위상 변화

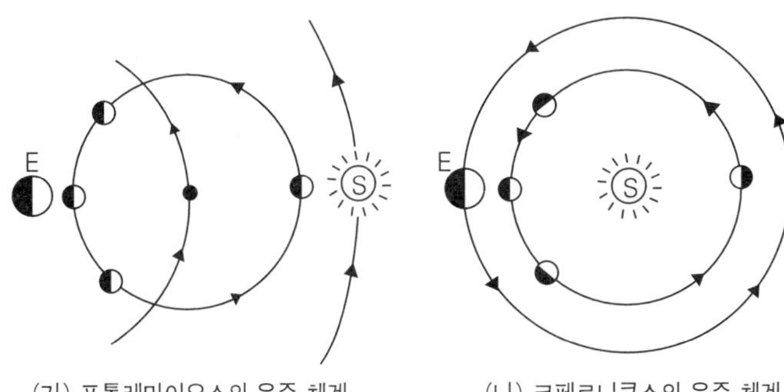

(가) 프톨레마이오스의 우주 체계 (나) 코페르니쿠스의 우주 체계

갈릴레이는 코페르니쿠스의 지동설을 지지하지 않는다는 그의 맹세를 직접적으로 위반하지는 않기 위해 세 사람이 대화하는 형식을 취해 1632년 《두 가지 주요 세계의 계통에 대한 대화》라는 책을 발간했다. 여기에 등장하는 사람들 중 한 사람은 교회의 입장을 대표하는 심플리시오이고, 다른 한 사람은 갈릴레이를 나타내는 살비아티, 그리고 세 번째 사람은 항상 사물을 빠르게 이해하고 살비아티의 주장에 동조하는 사그레도다.

이 책에서 갈릴레이는 살비아티라는 인물을 통해 또 심플리시오를 희생시켜서 당시 전통적이며 종교적인 천문학적 지식을 체계적으로 반박했다. 그러나 지동설을 부인하는 장문의 서문에도 불구하고, 이 책의 발간으로 인해 1633년 갈릴레이는 종교 재판을 받게 됐다.

그 후 350여 년이 지난 1983년 비로소 교회는 당시 교회의 잘못을 인정하고 갈릴레이의 명예를 회복시켜 주었다. 관측적인 사실을 토대로 한 과학적인 증거가 관념적 사고를 누른 쾌거라 할 수 있다.

생각할 문제

서울에서 어느 날 태양이 진 직후 그림과 같이 남서쪽 하늘에서 금성이 관측되었고, 정남쪽에서는 달과 화성을 관측할 수 있었다. 이날 이들 천체에 대한 다음 설명 중 옳은 것은?

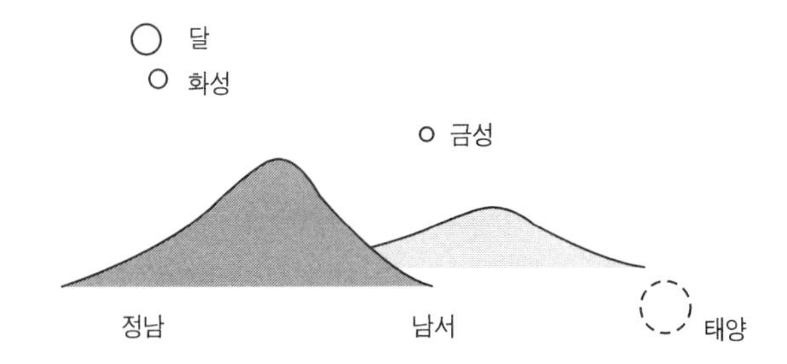

① 이날 천체들이 뜨는 시각은 태양—화성—달—금성의 순이다.

② 이날 태양—지구—화성이 이루는 각은 180°이다.

③ 이날 화성은 하현달처럼 보인다.

④ 이날 금성은 상현달처럼 보인다.

⑤ 이날 달과 화성의 위상은 같다.

④

| **해 설** | 지구의 자전에 의해 일주 운동은 동에서 서쪽으로 일어나는 것이므로 천체들의 뜨는 시각은 태양→금성→달→화성순이 될 것이며, 태양이 질 때 남쪽 하늘에서 달이 관측되었으므로 달은 오른쪽 반구가 빛나 보이는 상현달이 된다. 한편 화성 역시 태양이 질 때 정남쪽에서 관측되었으므로 태양—지구—화성이 이루는 각은 90° 정도일 것이나, 화성은 외

행성이므로 달과 같이 위상 변화가 뚜렷이 일어나지 않는다.

한편 내행성인 금성의 경우 태양에 대하여 왼쪽 45° 정도 떨어진 위치, 즉 최대 이각에 가까운 위치에서 관측되었으므로, 오른쪽 반구가 빛나 보이는 상현달 모습이 될 것이다.

T·H·E·M·E 6

광물 이야기

읽기 전에

광물의 집합체인 암석은 도구를 만드는 재료에서 핵 연료에 이르기까지 다양하게 사용되고 있다. 주변에 흔하게 굴러다니는 것이 암석이지만, 이렇게 흔한 암석을 자세히 관찰하면서 최첨단 과학 기술의 토대가 마련되기 시작했다. 이 장에서는 암석을 이루고 있는 기본 단위인 광물에 대해 살펴보기로 하자.

광물은 영어로 mineral으로서, 화학에서는 '무기물' 이란 뜻으로 쓰이기도 한다. 이는 그리스어의 mna, 그리고 여기서 유래돼 라틴어인 mina와 minera에 어원을 두고 있다. mina는 수직 갱도란 뜻이며, minera는 광석 덩어리란 뜻으로, 결국 광물은 갱도를 통하여 채취한 광석 덩어리란 뜻을 갖고 있다.

광물은 '천연산이고 무기적으로 생성된 균질한 고체로서 일정한 화학조성과 일정한 결정구조를 가지고 있는 물질' 이라고 정의를 내리고 있는데, 여기서 '무기적' 이란 것은 진주와 같이 생물의 힘에 의하여 직접적으로 형성된 것은 광물에서 제외한다는 뜻이다.

결정을 (가)→(나)→(다)로 회전시키며 망원경으로 관찰하면 램프에서 나온 빛이 (가), (다)의 경우는 보이고, (나)의 경우에는 보이지 않는다. 결국 빛이 다시 보일 때까지 결정을 회전시킨 각이 면각이다.

반사 측각기의 원리

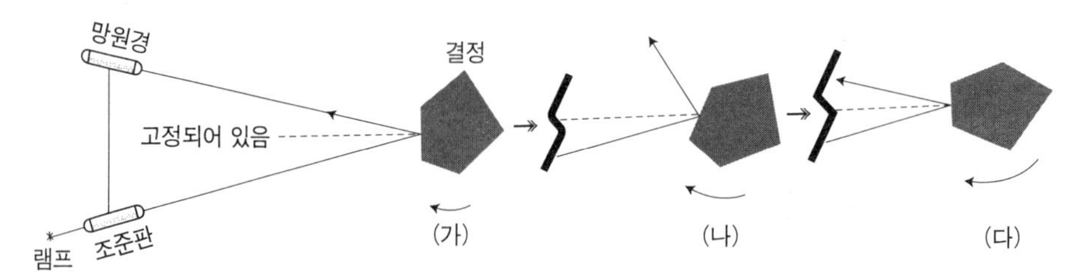

'일정한 화학조성' 이라는 것은 구성 성분들이 일정한 비율로 결합돼 있어서 화학식으로 표현할 수 있는 것을 의미하고, '일정한 결정구조' 라는 것은 광물을 이루고 있는 원자들의 배열이 규칙적이어서 흔히 결정으로 나타나고 있

음을 의미하나 단백석과 같이 예외적인 광물도 많이 있다.

광물에 대하여 다루는 학문 영역을 광물학이라고 하는데, 자연과학에서 차지하는 광물학의 위치를 보면 다음과 같다.

자연과학에서 광물학의 위치

소립자물리학	가장 작은 세계인 쿼크와 렙톤을 다룬다.
물리학	물질의 기본 구조인 원자핵(양성자와 중성자)과 전자가 주요 연구 대상이다.
화학	원자와 분자의 세계를 다룬다.
광물학	분자가 모여 일정한 화학적 구성을 이루는 광물을 다룬다.
지질학	광물이 모여서 이루는 암석이나 지형 · 지질을 연구한다.
천문학	아주 넓은 세계인 태양계나 성운 · 성단을 포함한 은하의 세계를 다룬다.

광물은 암석을 이루고 있는 단위로서 광물의 명칭은 일반적으로 ○○석(石)으로 부르기로 되어 있으나, 석영, 운모 등과 같이 예외적인 것도 많다. 그리고 광물의 집합체인 암석은 ○○암(岩)으로 부르기로 하였으나, 우리말의 용어와 외래기원을 가진 용어 사이에 다소 혼란이 있다.

흔히 일상생활에서 광물과 광석을 혼동하여 사용하는 경우가 있는데, 광석은 경제적 가치가 있는 광물의 집합체를 가리키는 말로 광물과 구별하여 사용해야 한다.

광물의 종류는 석영, 장석, 운모, 각섬석, 휘석, 감람석 등 우리 귀에 익은 6대 조암광물을 비롯하여 수없이 많다.

조암광물
화성암 · 변성암 등 암석을 구성하는 광물.

암석 중에 포함되어 있는 광물을 구분하는 것은 설탕분말과 소금분말을 육안으로 구분하는 일처럼 어렵다. 그러나 한번 관찰한 사람에게는 광물 감정에 가장 효율적인 방법이 눈이다. 물론 광물을 감정하는 방법에는 물리적 · 화학적 · 광학적 · 성인적 · 결정학적 성질을 조사하여 구분할 수 있다.

1. 6대 조암광물이 기본

깜짝 과학 상식

암석도 변화할까?

물론 암석도 변할 수 있다. 심지어는 완전히 다른 암석으로도 변한다. 뜨거운 맨틀로 다시 밀어넣어진 암석이 높은 압력과 열로 인해 다른 암석으로 변한 것을 변성암이라고 한다. 예를 들어 대리석은 본래 석회석이었고, 다이아몬드는 석탄에서 생겨났다.

광물학의 역사는 인류의 탄생과 함께 시작된 도구를 만드는 재료로서의 광물로부터 핵 연료로 이용되기까지 인류의 역사와 함께했다고 해도 과언이 아니다.

인류 탄생 초기의 석영, 흑요석 등은 석기시대의 연장으로, 붉은색을 띠는 적철석(Fe_2O_3)과 검은색을 띠는 이산화망간(MnO_2) 등은 동굴벽화를 그릴 때 쓰는 천연물감으로 이용됐다. 청동기시대에는 광석으로부터 구리, 주석, 아연 등을 추출하여 사용하였고, 철기시대에는 철광석으로부터 철을 추출하여 사용하였다.

최근에는 광물을 직접적으로 사용하는 데 그치지 않고 광물 결정의 원자 배열이나 그 원자 배열로 결정되는 성질을 밝혀 인공적인 결정을 만드는 기술로 발전했다. 이 기술을 이용하여 인조 다이아몬드뿐만 아니라 최첨단 전자 공학을 떠받치고 있는 실리콘반도체, 아모르퍼스합금, 탄소섬유, 세라믹스 등을 개발, 첨단과학에 응용하고 있다.

광물에 대한 이해가 체계적으로 자리를 잡게 된 것은 그리스의 아리스토텔레스와 그의 제자 세오프라스트로부터라고 할 수 있다. 세오프라스트는 광물에 관한 최초의 문헌을 남겼다. 그 이후 광물에 대한 연구는 주로 연금술에 집중되었으며, 중세에 이르러 현대 광물학의 토대가 마련되었다.

아리스토텔레스
(Aristoteles, 384 ~322 B.C.)
고대 그리스의 대철학자. 알렉산더의 사부. 스승 플라톤의 초월적 이데아론을 반박하여, 이데아는 현실재(現實在) 그 자체 속에 그의 형상·목적으로서 질료(質料)에 대하여 내재적(內在的)으로 존재한다고 주장했다. 철학 이외에 인문·자연과학의 여러 분야에 큰 업적을 남겨 만학(萬學)의 아버지라 불린다.

2. 왜 일정한 모양을 갖는가

광물은 일정한 외형을 갖는 경우가 많은데, 이를 결정(crystal)이라고 한다. 결정은 구성원자나 이온들이 3차원 공간에서 규칙적으로 배열되어 있는 내부 규칙성이 외부적으로 나타난 다면체라 정의할 수 있다. 그리고 이러한 결정에 대한 연구 분야를 결정학이라고 한다.

아름다운 모습을 뽐내는 천연의 결정은 이미 17세기경부터 과학자의 흥미의 대상이 되어 왔다. 단결정의 외형 계측이나 현미경 관찰이 시작되어 결정의 기하학적 이론이 완성된 때는 19세기였다. 그 중 대표적인 것이 스테노

스테노
(Nicolaus Steno, 1638?~1687)
덴마크의 지질학자·해부학자·신학자. 암스테르담·라이덴·파리 등에서 해부학을 전공하고, 1665년부터 이탈리아의 페르난도 2세의 시의(侍醫)가 되었다. 지질학의 근본 법칙인 누중(累重)의 법칙과 면각 일정의 법칙을 발견했다.

의 '면각 일정의 법칙' 이다.

스테노는 산의 바위틈에 붙어 있는 수정을 채집하여 이 수정이 왜 비슷한 모양을 하고 있으며, 또 어떻게 만들어진 것일까를 궁금하게 여기던 중, 수정의 단면이 완전히 정육각형인 것도 있지만 대체로 조금씩 차이가 난다는 사실을 알게 되었다.

같은 특성을 가진 수정의 외형이 이처럼 서로 다르게 된 원인을 밝히기 위하여 수집된 모든 수정의 단면을 그려서 비교해 보았다. 그 결과 중요한 것은 결정을 이루는 면이 아니라 결정의 면과 면이 이루는 각이라는 사실을 발견하여 면각 일정의 법칙을 발견했다. 즉 같은 종류의 결정에서 대응하는 면각은 서로 같다는 것이다.

결정의 면각은 아래 그림과 같이 각 면에 세운 수선인 면수선이 이루는 각을 말하는데, 면각의 측정은 접촉측각기(contact goniometer)를 이용하여 측정한다.

▌접촉측각기와 반사측각기▐

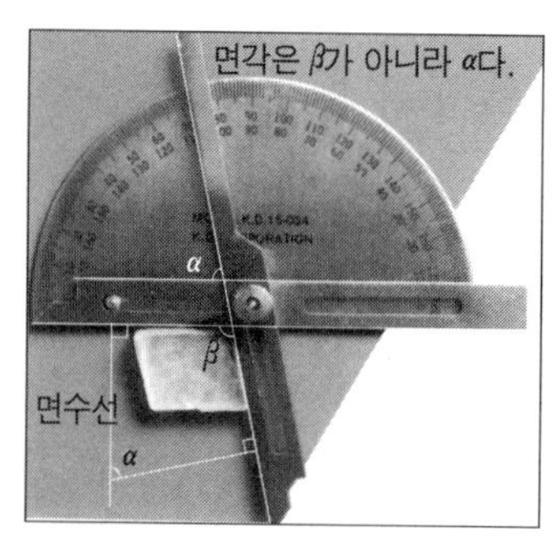

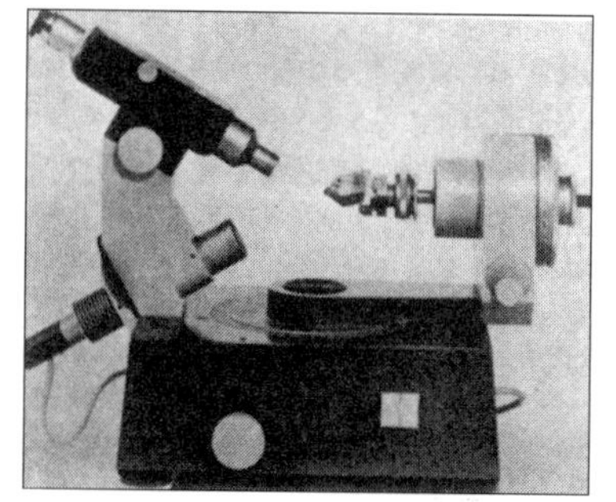

이후 결정에 대한 연구는 거시적인 세계에서 미시적인 세계로 발전하여 결정의 원자나 분자 등의 배열 상태가 밝혀지게 되었는데, 결정이 일정한 외형을 갖는 것은 광물을 이루는 원자 배열의 규칙성에서 기인한 것이다.

결정의 원자 배열 상태는 1912년 라우에의 X선 회절의 발견에 의해 처음으로 알려지게 되었는데, X선이 결정 격자에 부딪히면 전자들이 X선과 같은 진동수로 진동하게 되며, 전자들은 X선 에너지 일부를 흡수하면서 동시에 똑같은 진동수와 파장을 가진 X선을 방출하게 된다. 일반적으로 이들 산란 파동은 서로의 간섭으로 소멸(소멸간섭)되지만, 어떤 특정한 방향에서는 파동이 상승적으로 결합(보강간섭)하여 나타나는데 이를 회절이라고 한다.

라우에
(Max Theodor von Laue, 1879~1960) 독일의 이론 물리학자. 결정체에 의한 X선의 회절 현상을 연구하여 엑스선의 전자기파로서의 성질을 확인하고, 결정 해석학을 개척하였다. 이 밖에 상대성 이론 등의 연구로 1914년 노벨 물리학상을 받았다.

즉 결정면에 θ의 각을 이루어 입사한 X선은 경로 ABC와 DEF가 X선 파장의 완전 배수가 되는 경우에만 보강

‖ X선 회절의 원리 ‖

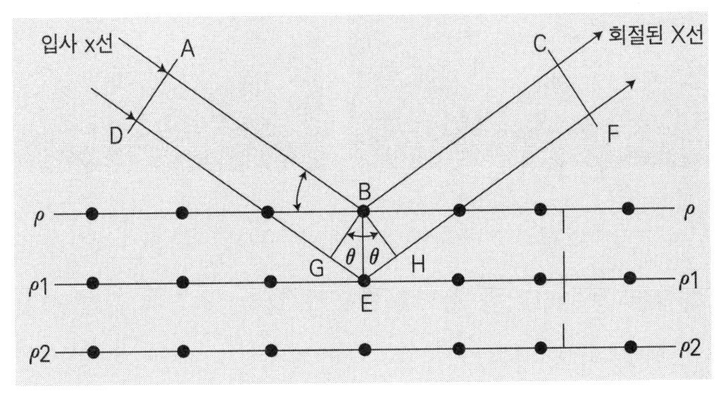

두 X선의 거리차 GE+EH가 X선의 파장(λ)의 정수배가 되는 경우에만 회절이 일어난다. 즉, GE+EH=2d · sinθ =nλ가 되므로 X선의 파장과 회절각을 측정함으로써 원자 사이의 간격 d를 결정할 수 있다.

브래그(William Henry Bragg, 1862~1942)
영국의 물리학자. 입자의 도달거리에 관한 연구를 하였으며 1912년 아들 W.L.브래그와 함께 X선에 의한 결정구조를 연구하여 '브래그 조건'을 밝혔으며, X선 분광기를 고안했다. 이 연구로 1915년 아들과 함께 노벨 물리학상을 수상하였다.

되어 회절 무늬가 나타나게 되므로, 결정면에 X선을 입사하여 나타나는 회절 무늬를 이용하면 θ를 측정할 수 있고, 이를 이용하여 결정 원자 사이의 간격 d를 결정할 수 있게 된다.

라우에는 같은 원리로 방해석의 회절 무늬를 얻어 결정 구조를 알아냈다. 브래그는 어떤 일정한 방향을 축으로 하여 결정을 회전시키면서 회절 무늬를 조사하거나, 원통 모양의 필름 가운데에 결정을 놓아 회절 무늬를 조사함으로써 결정을 이루는 원자 배열의 공간적인 배치를 연구하였다.

다음은 석영과 암염의 회절 사진이다.

‖ **석영**(왼쪽)**과 암염**(오른쪽)**의 회절 사진** ‖

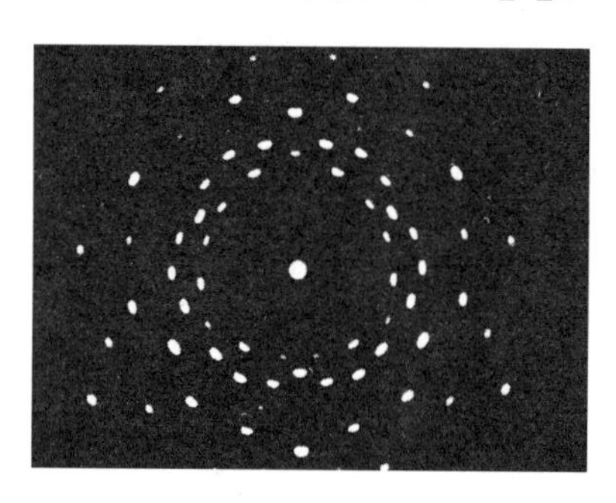

이러한 방법으로 1960년경까지 광물은 물론 많은 무기화합물이나 간단한 유기화합물의 결정 구조가 밝혀졌다. 그 뒤를 이어 전자계산기나 측정장치, 구조해석의 수학적

기술 등이 눈부시게 발전하여 대상 물질의 범위는 광물은 물론 복잡한 유기화합물이나 헤모글로빈, 시토크롬 등의 단백질, 효소나 그 밖의 복합체, 바이러스의 결정에 이르기까지 확대되었다. X선 결정의 해석에서 밝혀진 3차원의 구조를 바탕으로 효소의 구조와 기본 성질의 메커니즘이 밝혀지고, 방대한 데이터 축적을 배경으로 새로운 기능을 갖는 재료나 의약품 설계도 가능하게 된 것이다.

주변에 굴러다니는 암석을 이루는 결정을 눈여겨보는 일이 최첨단 과학기술의 토대가 된 것이다. 과학은 이렇게 발전하는 것이다.

생각할 문제

■ 다음 그림은 접촉측각기를 이용하여 수정의 면각을 측정하는 모습을 나타낸 것이다. 그림에서 면 m과 m′가 이루는 면각을 써보자.

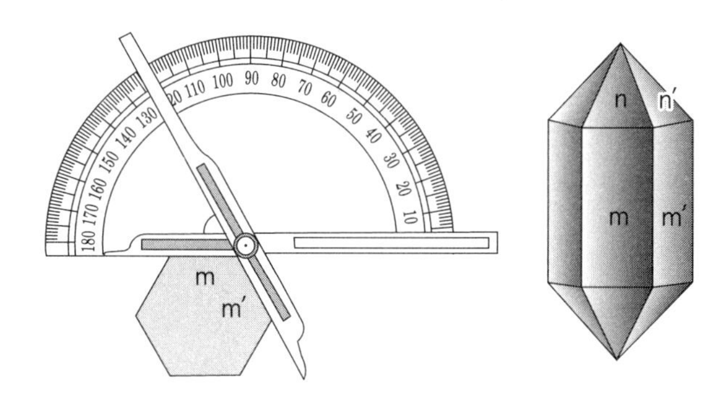

정답 》 60도

| 해 설 | 면각은 면수선각이므로 접촉측각기의 눈금이 120 정도를 나타내고 있으므로 면각은 60도가 된다.

■ 라우에는 광물의 결정에 X선을 쪼였을 때 나타나는 회절 무늬를 이용하여 광물의 원자 배열을 알아내었다. 어느 광물의 회절 무늬가 다음 〈보기〉와 같았다면 이중 결정질 광물을 모두 고르면?

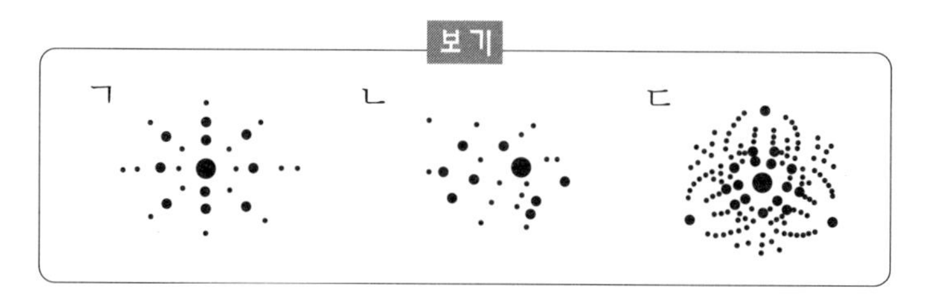

정답 》 ㄱ, ㄴ

| 해 설 | 결정질 광물이란 내부의 원자 배열이 규칙적인 광물을 말하는 것이며, 원자 배열이 규칙적이면 이에 따라 나타나는 회절 무늬의 모양도 규칙적으로 나타난다.

T·H·E·M·E 7

암 석

읽기 전에

암석은 광물이 모여서 만들어진 고체이며 화성암, 퇴적암, 변성암으로 나누어진다. 이들은 생성 당시의 다양한 환경, 즉 온도 · 압력 · 퇴적물 등 수없이 많은 변인에 의해서 점이적으로 변한 것이기 때문에 그 이름을 말하기가 곤란한 경우가 많다.

이 장에서는 암석의 대체적인 분류와 각 암석에서 나타나는 특징적인 구조와 조직에 대해 알아보자.

지구과학을 담당하는 교사로서 가장 곤혹스러울 때가 학생들이 주변의 아무 돌이나 가져 와서 암석명을 물어볼 때다. 잘 모른다고 하거나 농담삼아 이건 바위, 자갈, 조약돌 등으로 답하기도 하지만 아무래도 뒷맛이 개운치 않다.

때로는 지구과학 선생님이 어떻게 암석 이름도 잘 알지 못하느냐고 질타하는 경우도 있다. 이런 수모를 모면하기 위해 흔히 대충 비슷한 이름을 대고마는 경우도 많다.

그러나 여기에는 기본적이며 크나큰 오류가 내재돼 있다고 생각한다.

우리 주변에는 암석명을 붙일 만한 전형적인 돌이 많지 않다. 따라서 동네의 조그만 동산에 이름이 없는 것처럼 암석에도 이름을 붙이기 힘든 것이 많다는 사실을 알아야 하겠다.

예를 들면 백두산, 한라산 등 유명한 산에는 이름이 있지만 동네 주변의 조그만 봉우리들은 이름이 없는 것이 허다하다. 이들의 이름을 구태여 물어 온다면 앞산, 뒷산 등으로 대답할 수밖에 없다. 또 화학반응의 경우 수소와 산소는 화합해 물 또는 수증기가 될 수밖에 없지만 암석의 경우에는 생성 당시의 다양한 환경, 즉 온도 · 압력 · 퇴적물 등 수없이 많은 변인에 의해서 점이적으로 변하는 것이기 때문에 그 이름을 말하기 곤란한 경우가 많다.

야외에서 암석을 관찰해 암석명을 정할 때는 다음 표와 같은 흐름도를 따라 행한다. 일반적인 육안 관찰에 의한 방법으로는 어떤 광물로 돼 있느냐는 것을 판별하기 어렵기 때문에 암석의 대표적인 조직을 관찰함으로써 암석명을 보다 쉽게 정할 수 있다.

▮ 암석명을 정하는 흐름도 ▮

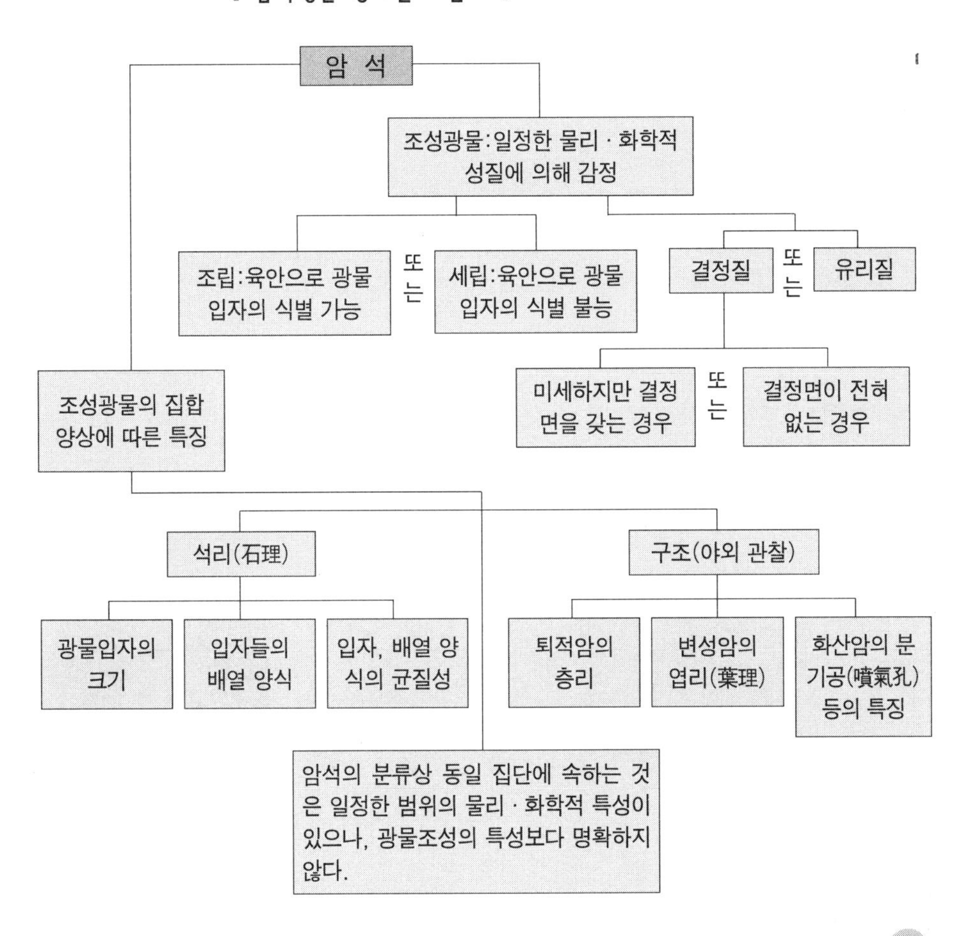

깜짝과학상식

암석의 채집

암석을 채집할 때는 마치 품질을 검사하기 위해서 시료를 채취할 때와 마찬가지로 명확한 방침이 있어야 한다. 이 방침은 채집자 자신이 채집 목적에 따라 정해야 한다. 암석은 반드시 야외에 있는 노두에서 채취해야 하며, 강변이나 도로에서 주운 것은 아무런 쓸모가 없다. 도구는 여러 가지 크기의 강철제 암석용 해머를 사용한다. 이 해머는 보통 사용하는 쇠망치처럼 끝이 문드러지지 않도록 담금질이 되어 있다. 암석을 채집했으면 채집 지점, 지질의 산상(産狀) 등을 반드시 메모해 두고, 정리번호를 매겨서 혼동되는 것을 피해야 한다.

암석은 생성과정에 따라 크게 화성암, 퇴적암, 변성암으로 구분한다. 화성암은 화산 활동의 결과로, 퇴적암은 퇴적물이 고화돼 생성된 것이고, 변성암은 이들 암석이 열과 압력을 받아 변성돼 생성된 것이다.

이와 같이 이들은 생성과정이 다르기 때문에 각각 특징적인 구조와 조직이 나타난다. 여기서 구조라 함은 암체나 암석의 깨진 면에 나타나는 대규모의 것을 말하며, 조직은 광물 입자들이 모여서 만드는 소규모의 특징을 말한다.

1. 마그마가 식어 굳어진 화성암

화성암은 암석의 색과 조직에 따라 크게 다음 표와 같이 분류한다.

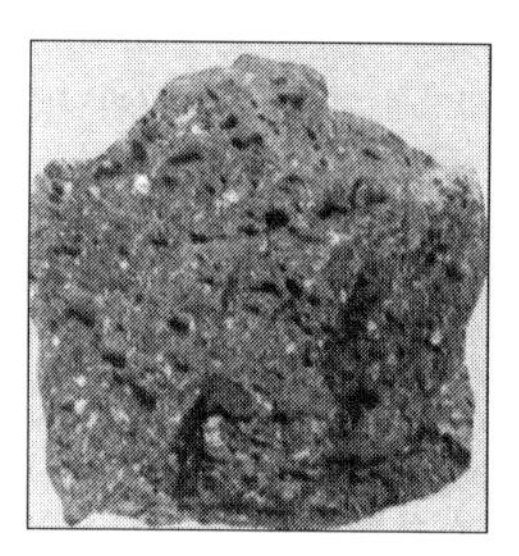
현무암

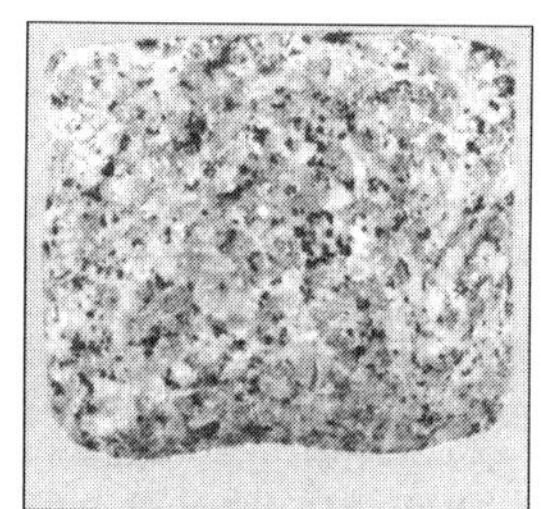
화강암

안산암

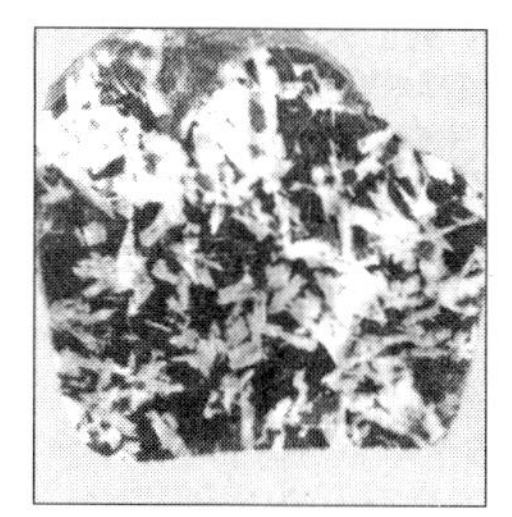
반려암

감람암

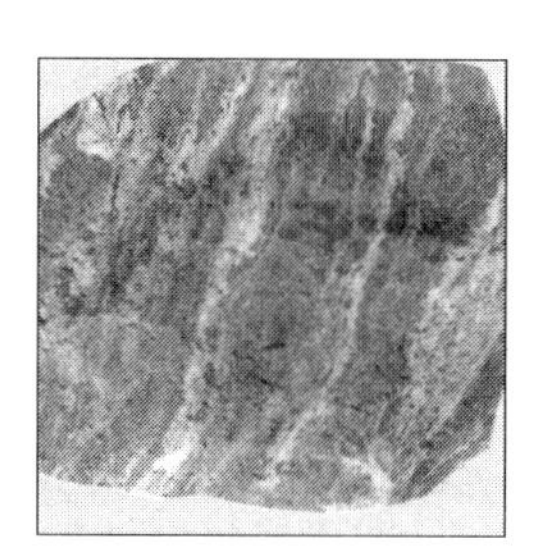
유문암

‖ **화성암의 분류** ‖

색	밝다 ←————→ 어둡다			조 직
구 분	산성암	중성암	염기성암	
심성암	화강암	섬록암	반려암	입상 조직
화산암	유문암	안산암	현무암	유리질

여기서 산성암, 염기성암은 암석 중의 SiO_2 양에 따라 구분한 것으로 산성암은 비교적 밝은 색을 띠고 염기성암은 어두운 색을 띤다. 즉 산성암에는 유색광물의 양이 적은 것이다.

한편 마그마가 식어 암석이 될 때 깊은 곳에서 서서히 식은 것을 심성암이라 하고, 지표 근처에서 갑자기 식은 것은 화산암이라고 한다. 화산암의 경우에는 급히 냉각돼 결정이 성장하지 않고 굳었기 때문에 입자가 치밀하거나 유리질인 반면, 심성암의 경우에는 굵은 입자가 보인다.

따라서 어떤 암석이 일단 화성암으로 분류됐다면 비교적 · 기계적으로 이름을 정할 수 있다. 화성암의 경우 현미경의 관찰로는 수백 종 이상을 분류할 수 있으나 육안에 의한 방법으로도 수십 종을 분류할 수 있다.

예를 들면 어떤 암석이 화성암이며 어두우 색을 띠고 입상 조직을 보인다면 이것은 반려암이 되는 것이다. 그러나 반려암에도 수없이 많은 형태가 있어 엄밀하게 편광현미경에 의한 관찰과 화학 분석 등의 방법으로 보완해 암석명을 정해야 한다.

화성암에는 유상구조, 호상구조, 절리 등의 구조가 나타난다. 유상구조는 화산암이 흐르며 굳어질 때 생긴 평행구조로 퇴적암의 층리와 혼동하기 쉽다. 호상구조는 색을 달리하는 광물들이 층상으로 번갈아 배열돼 생기는 평행구조를 말하며, 절리는 마그마나 용암이 뭉쳐 굳어질 때 냉각 · 수축돼 암석에 틈이 생긴 것으로 모양에 따라 주상절리, 방상절리, 판상절리 등으로 구분한다.

▮ 현무암에 나타난 주상절리 ▮

▮ 유문암에 나타난 유상구조 ▮

화성암은 마그마가 굳어 생성된 것이기 때문에 입자가 치밀하고 기공이 보이기도 한다. 입자가 육안으로 구분될 만큼 클 경우에는 현정질 조직(또는 입상 조직)이라고 하며 현미경으로나 구별이 가능한 것을 비현정질 조직이라고 한다.

한편 현미경으로도 입자가 보이지 않는 경우에는 유리질 조직이라고 하는데, 때로는 유리질 조직에도 작은 입자를 바탕으로 굵은 입자가 끼어 있는 경우도 있다. 이를 반상 조직이라고 하며 큰 결정을 반정, 작은 결정들 또는 유리질을 석기라 한다. 화산암은 유리질 조직이며 심성암은 입상조직을 보인다.

| 화성암의 조직 |

유리질 조직

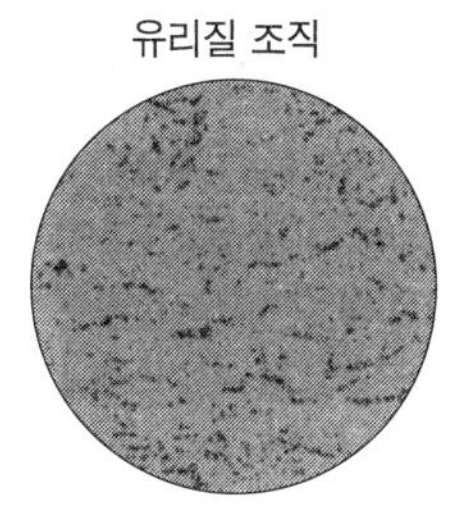

화산암

반상 조직

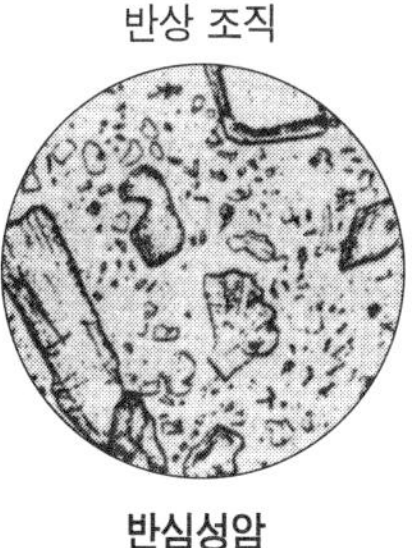

반심성암

입상 조직

심성암

2. 다른 암석물의 풍화생성물 퇴적암

지하 16km까지의 지각에는 95% 이상이 화성암이지만 지표 근처에는 75% 정도가 퇴적암이다. 그러나 우리나라에는 선캄브리아대의 변성암류와 고생대, 중생대에 걸친 심성암이 대부분이어서 전형적인 퇴적암은 쉽게 찾아보기 힘들다.

➔ 각종 퇴적암
①역암, ②각력암, ③사암, ④화석이 포함된 셰일

퇴적암은 퇴적물이 운반돼 서로 섞이고 압축되고 고화되어 생성된 것이므로 어떤 퇴적물이 쌓인 것이냐를 가지고 구분하면 쉽다. 퇴적암은 퇴적물의 기원이 무엇이냐에 따라 쇄설성 퇴적암, 유기적 퇴적암, 화학적 퇴적암으로 구분한다.

‖ 퇴적암의 종류 ‖

퇴적물		퇴적암	
구 분	입자의 크기 및 성분	암석명	구 분
쇄설성 퇴적물	자갈(2mm 이상)	역암, 각력암	쇄설성 퇴적암
	모래(2~1/16mm)	사 암	
	미사(1/16~1/256mm) 점토(1/256mm 이하)	셰일, 이암	
	화산암괴(32mm 이상) 화산력(32~4mm)	집괴암	
	화산재(4~1/4mm) 화산진(1/4mm 이하)	응회암	
화학적 퇴적물	$CaCO_3$ SiO_2 NaCl	석회암 처 트 암 염	화학적 퇴적암
유기적 퇴적물	석회질 생물체 규질 생물체	석회암 규조토, 처트	유기적 퇴적암

쇄설성 퇴적암에는 그 입자의 크기에 따라 다음 표와 같이 구분한다. 분급이 양호한 점토암을 칼로 긁어 보면 부드러운 왁스와 같은 촉감을 느낄 수 있다. 점토와 실트가 혼합돼 있는 이암은 점토암처럼 보이기도 하지만 칼로 긁어 보면 모래 입자들에 의해 그 감촉이 다르다.

셰일은 쪼개짐이 뚜렷한 세립질 암석으로 흔히 엽리가 나타난다. 실트질 또는 사질 셰일의 경우에는 벽개면에 평행한 운모편이 많이 나타나기도 한다.

따라서 퇴적암으로 일단 분류되면 간단히 모눈종이 등

을 준비해 암석 입자들의 크기를 모눈종이의 눈금과 비교, 대략적으로 그 크기를 정하고 암석명을 정하면 된다.

그러나 퇴적암에는 퇴적 장소로 운반돼 온 쇄설성 조직, 퇴적 장소에서 성장한 광물들의 결정질 조직, 퇴적된 후 변질돼 생긴 결정질 조직 등이 함께 나타나므로 구분하기 힘든 경우도 많다.

퇴적암 중 사암은 와케와 아레나이트로 세분하기도 한다. 와케는 모래 입자들 사이에 실트와 점토 입자가 포함돼 있는 경우이고 아레나이트는 이와 같은 기질이 없는 경우다. 퇴적암 중 둥근 역(礫)을 포함하는 경우를 역암이라고 하며, 각진 역을 포함하고 있는 경우에는 각력암이라 한다. 이때 입자의 크기가 2~6mm 정도일 경우에는 사암과 혼동하기 쉬우므로 주의해야 한다.

층리가 발달한 퇴적암층

퇴적암에서 나타나는 구조로는 층리가 특징적이다. 해저는 거의 수평인 면이며, 이 면 위에 퇴적물이 고르게 한겹 한겹 쌓여서 점점 두꺼운 지층이 형성된다. 층 사이에는 퇴적물이 굳은 후에도 잘 쪼개지는 면이 형성되는데, 이를 성층면이라고 한다. 성층면을 수직으로 잘라보면 각 층은 입자의 색과 크기가 다른 여러 층으로 이루어져 있는 것을 알 수 있는데, 이를 엽층이라고 한다. 엽층은 보통 1cm

이하인 것을 말한다.

따라서 어떤 암석에 층리 또는 엽층이 발견되면 퇴적암으로 생각할 수 있다. 퇴적암에는 이외에도 사층리, 물결자국, 건열, 비늘중첩구조(imbrication), 어란상구조 등이 나타난다.

사층리는 모래나 미사로 된 지층에서 흔히 발견되며 그림과 사진에서 보는 것처럼 평행하지 않은 구조가 발달하므로 지층의 상하 판단에 유용하다.

▌사층리가 발달한 사암 ▌

▌사층리의 발달과정 ▌

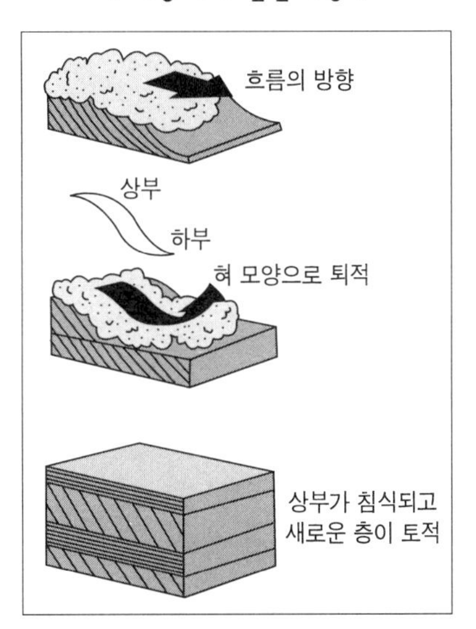

연흔은 잔물결이나 유동하는 물의 작용으로 갓 쌓인 퇴적물의 표면에 사진과 같은 파상의 요철을 만들고 이것이 보존돼 나타난 것이다. 이때 파도에 의해서 형성되는 진동형 유체 운동만 있을 경우에는 대칭형이 되고, 어느 방향으로 유동이 겹칠 경우에는 비대칭 연흔이 형성된다.

▮ 연 흔 ▮

이 연흔의 모양으로 유수의 방향, 지층의 역전 여부 등을 알아볼 수 있다.

건열은 얕은 물 밑에 쌓인 점토 같은 퇴적물이 수면상에 노출돼 건조되면 수분의 증발로 인해 거북 등처럼 갈라지는 것을 말한다. 건열이 파괴되지 않고 묻혀서 지층 속에 보존되면 지층의 상하를 판단할 수 있다.

▮ 건 열 ▮

유수에 의해 운반되던 입자들 중 길쭉한 식물 파편이나 암석 조각 또는 화석들은 층리에 평행하게 일정한 각도로 놓이게 되는데, 이를 비늘중첩구조라 한다. 하천 바닥에 놓인 자갈을 자세히 살펴보면 비늘중첩구조와 비슷한 모습을 볼 수 있다.

▮ 비늘중첩구조의 발달과정 ▮

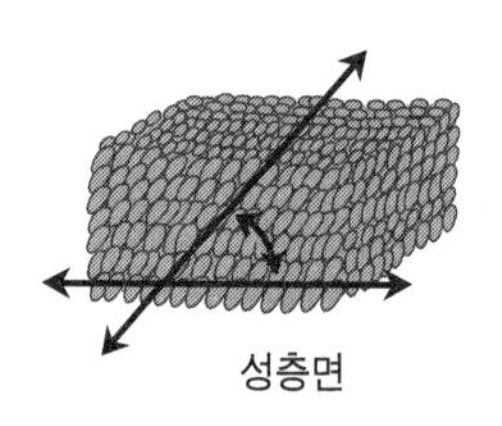

한편 대륙대 등과 같이 저탁류가 있는 곳에서는 교란류에 의해 뜬짐의 상태가 된 퇴적물이 가라앉아 점이층리를

형성한다. 암석 중에 이와 같이 퇴적 기원의 구조가 나타나면 퇴적암으로 명명할 수 있다.

암석이 생성 당시와 다른 환경에 놓이게 되면 변성 작용을 일으킨다. 암석이 변성 작용을 받으면 압력의 방향과 관계 있는 평행한 구조가 생긴다. 이런 구조에는 쪼개짐, 편리, 편마구조, 선구조 등이 있다.

3. 화성암과 퇴적암에서 변한 변성암

‖ 쪼개짐이 발달한 슬레이트 ‖

셰일이 변성돼 슬레이트가 되면 일정한 두께를 가진 얇은 판으로 쪼개지는 성질을 가진다. 이는 광물의 배열에 의해서 생기는 것이 아니고 성층면 등으로 생긴 틈에서 기인된다.

엽리는 암석이 재결정 작용을 받아 운모와 같은 판상의 광물이 평행하게 배열돼 나타나는 조직이다. 육안으로 식별이 곤란할 정도로 작으며 원래의 퇴적물에 나타난 층리와 일치하지는 않는다.

변성작용이 진행, 광물 결정이 성장해 육안으로 관찰할

수 있는 정도이며 광물이 얇은(0.3cm 이내) 띠를 형성한 것을 편리라 하며 이런 조직이 나타나는 암석을 편암이라고 한다. 편마구조는 0.3cm 이상의 두께를 갖는 엽리가 나타나고 전체적으로 무색광물과 유색광물이 각각 대상으로 모여 겹쳐진 것으로 이런 구조를 갖는 변성암을 편마암이라고 한다.

변성암에 바늘모양의 광물이나 주상의 광물이 한 방향으로 평행하게 배열한 것들이 있는데, 이를 선구조라 한다. 변성암에 선구조나 평행 구조가 생기는 과정과 원인에 대하여는 아직도 완전히 밝혀지지 않고 있다. 광물이 한 방향을 취하는 것은 압력이나 전단력에 따른 물질의 유동과 광물의 회전에 관계가 있는 것으로 생각되고 있다.

혼펠스 점판암 남섬석편암

각섬암 대리석 천매암

암석층에서 이상과 같은 구조가 나타나면 변성암으로 판별할 수 있으며 변성암도 그 기원암과 변성 작용의 종류에 따라 다음 표와 같이 여러 종류가 있다.

▮ 변성암의 종류 ▮

<table>
<tr><th rowspan="2">원래의 암석
(퇴적암)</th><th rowspan="2">변성작용</th><th colspan="3">변 성 암</th></tr>
<tr><th colspan="2">조 직</th><th>암 석 명</th></tr>
<tr><td>셰 일</td><td>접촉 변성 작용</td><td rowspan="2">엽리가
없음</td><td>혼펠스 조직</td><td>혼 펠 스</td></tr>
<tr><td>사 암
석 회 암</td><td>접촉 변성 작용
광역 변성 작용</td><td>입상 변정질 조직</td><td>규 암
대 리 암</td></tr>
<tr><td>셰 일</td><td>광역 변성 작용</td><td>엽리가
발달됨</td><td>쪼개짐 세립
편리 ↓
편마상 조직 조립</td><td>점 판 암
편 암
편 마 암</td></tr>
</table>

지금까지 대표적인 암석을 조직이나 구조를 중심으로 살펴보았는데, 이런 지식만으로 암석명을 정하는 데에는 부족함이 있다. 그러나 전형적인 암석 표품을 직접 보고 암석명을 익혀둔다면 언어로 표현할 수 없는 직시적인 어떤 감이 생기기 때문에 암석명을 정하는 데 큰 도움이 될 것이다. 시중에 쓰이고 있는 암석은 전형적이라기보다 겨우 비슷한 것들이 대부분이어서 어려움이 있다.

따라서 학생의 수준으로는 우리나라에서 반 이상을 차지하는 화강암과 화강편마암을 구분할 수 있으면 족하다. 그 외에 한두 개의 대표적인 변성암과 퇴적암을 구분할 수 있으면 될 것이다.

아울러 암석의 관찰에서는 암석명을 붙이는 것 이상으로 암석의 생성과 변화 과정을 이해해 지구 변화의 흐름을 파악하는 것이 중요하다는 것을 인식해야 할 것이다.

▌화강암과 화강편마암▐

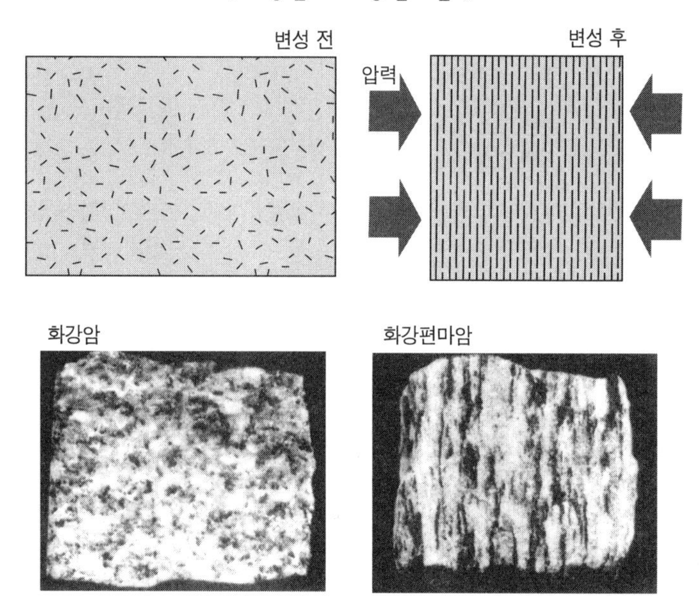

생각할문제

다음 그림은 화성암의 종류에 따라 구성입자의 크기와 주요 조암 광물의 함량비를 나타낸 것이다.

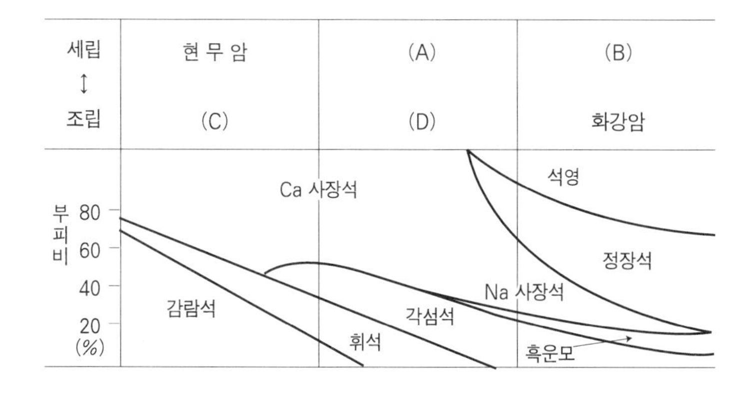

다음 〈보기〉에서 그림에 대한 설명으로 옳은 것은?

보기

ㄱ. (A), (D)는 화산암이다.
ㄴ. (C), (D)는 심성암이다.
ㄷ. (B), (C), (D)는 화강암보다 어두운 색을 띤다.
ㄹ. (C)는 염기성암이다.

① ㄱ, ㄴ ② ㄴ, ㄹ ③ ㄷ, ㄹ
④ ㄴ, ㄷ, ㄹ ⑤ ㄱ, ㄴ, ㄷ, ㄹ

②

| **해 설** | 화성암은 구성성분(조암광물)에 따라 염기성암, 중성암, 산성암으로 구분하고 구성입자의 크기(마그마의 냉각 속도)에 따라 화산암과 심성암으로 구분한다. 그림에서 감람석, 휘석 등 유색 광물이 많이 포함됨 현무암과 (C)가 염

기성암이 되고 (B)와 화강암은 산성암이 되며, 현무암, (A), (B) 등이 화산암, (C), (D), 화강암이 심성암이다.

이를 토대로 암석명을 정하면 A는 안산암, B는 유문암, C는 반려암, D는 섬록암이 된다.

T·H·E·M·E 8

대륙이동설과 판운동

읽기 전에

과학자들의 연구에 의하면 지구는 층상 구조로 돼 있고, 그 바깥 부분인 지각은 맨틀 층 위에 떠 이동하며 지질시대를 거치면서 지각 변동을 일으킨다고 한다. 지각의 움직임은 어떻게 밝혀졌으며, 또 그 양상은 어떠한지 알아보자.

태양계 내의 천체 중 지구와 같이 딱딱한 고체의 표면을 갖고 있는 행성은 태양계의 안쪽에 위치하는 수성, 금성, 화성 등이다. 지구의 겉부분은 딱딱한 암석으로 덮여 있어 인류는 여기에 터전을 잡고 살고 있으며 멀리 있는 산, 강, 바다 등은 오랜 세월 동안 변함없는 상태를 유지하고 있다.

1. 대륙이동설

17세기 초 대서양을 중앙에 두고 있는 지도를 사용하는 유럽 사람들은 아프리카 대륙과 유럽 대륙의 해안선이 매우 유사해 아프리카를 유럽에 붙이면 꼭 들어맞는다고 생각했다. 1620년 베이컨은 이와 같은 현상은 결코 우연이라고 생각하지 않았다. 1688년 플라셋은 '노아의 홍수 이전에 미국은 세계의 다른 부분과 붙어 있었다.'라는 가상 수상록을 쓰기도 했다. 이로부터 2백 년 후 스나이더는 석탄기의 유럽과 미국의 식물 화석의 유사성에 놀라 모든 대륙은 하나였다고 주장했다.

19세기 말에 들어 오스트리아의 지질학자 슈스는 남반구에 있는 여러 대륙의 지층군이 너무나 잘 일치하고 있으므로 그들을 곤드와나 대륙에서 분리된 것으로 생각했다.

곤드와나 대륙
고생대 말기에서부터 중생대 초기에 걸쳐 남극 대륙을 중심으로 남반구 일대에 있었으리라고 생각되는 대륙을 말한다. 그 일부인 남미·아프리카·인도·오스트레일리아 등지에는 석탄기로부터 쥐라기에 걸치는 육성층(陸成層)이 분포한다.

20세기에 들어 1908년 테일러가 대륙 이동의 아이디어를 다시 내놓았으나 체계적으로 정리해 과학적인 증거를 들어 발표한 사람은 1912년 베게너다.

베게너(Alfred Lothar Wegener, 1880~1930)
독일의 기상·지구 물리학자. 1911년에 특색 있는 대기 구조론을 포함하는 《대기 열역학》을 저술하였고, 1915년에는 《대륙과 대양의 기원》으로 유명한 대륙이동설을 발표하였다. 그린란드를 4회 탐험하였으며, 최후의 탐험 때 행방불명이 되었다.

베게너는 1915년에 발간된 《대륙과 대양의 기원》에서 남극을 포함한 대륙들은 지금처럼 흩어져 있던 것이 아니고, 모든 대륙이라는 뜻의 그리스어인 판게아에서 수백만 년에 걸쳐 점차 분리된 것이라고 주장했다. 그는 남아프리카·남아메리카·인도·남극 등에서 발견되는 빙하의 흔적과 식물 화석, 그리고 더운 지방에서 만들어지는 석탄층이 남극에도 있다는 사실 등을 합리적으로 설명할 수 있는 것은 대륙의 이동뿐이라고 주장했다.

베게너는 대륙들이 비교적 가벼운 화강암질 암석으로 돼 있어서 좀더 무거운 현무암질 암석으로 된 해저를 지구 회전과 관계 있는 힘에 의해 거대한 배처럼 지나간다고 생각했다. 그의 이러한 생각은 당시 조롱을 받았다. 그의 대륙이동에 대한 역학적인 설명은 틀린 것이지만 그 후 판구조론을 태동하게 하는 씨앗이 되었다. 베게너는 대

륙이동설을 인정받기 위한 증거를 찾기에 몰두하다가 1930년 그린랜드의 기상 탐험중 타계하고 말았다.

2. 해저산과 해저산맥의 발견

베게너는 육지를 연구한 결과 대륙이동설을 내놓았으나 이 이론은 해저의 탐사 결과로 인정받게 됐다고 할 수 있다. 프랑스의 화학자 피에르 퀴리와 그의 형제인 장은 수정에 압력을 가하면 전기가 발생한다는 사실을 발견했다. 이것은 초음파를 발생시키는 기술로 발전했다. 1917년 프랑스의 물리학자 랑게방은 이와 같은 원리를 이용하여 잠수함을 탐색하는 장치를 개발했는데, 이것이 소나(음향측심기)다.

소나(SONAR, Sound Navigation And Ranging) 음파·초음파를 사용하여 수중의 물체 탐지·수심 측정 따위를 행하는 방식의 총칭. 좁은 뜻으로는 음향측심기·수중 청음기·어군 탐지기 따위를 말한다. 음파 탐지기.

그가 이 장치를 개발한 것은 이미 1차 세계 대전이 끝났을 때였으므로 이 장비는 해저의 깊이를 측정하는 데 사용되기 시작했다. 19세기까지만 해도 해저의 깊이 조사는 추를 매단 케이블을 이용하는 방법뿐이었다. 이 방법은 많은 노력이 들 뿐만 아니라 정확도도 낮았다.

실례로 19세기 말 챌린저호는 3년 6개월에 걸쳐 해저수심 측정을 고작 370여 회 할 수 있었을 뿐이었다. 소나를 이용한 최초의 해저 탐사 선박은 메테오르호(1922)인데, 소나를 이용하면 챌린저호가 전 항해중에 얻은 자료를 단 5분 만에 얻을 수 있다고 한다.

해저 탐사 결과 하와이는 해저에서부터 10km나 솟아 오른 해저산이며, 해저에는 정상부가 평평한 평정 해산이 있음을 발견했다. 평정 해산은 미국의 지리학자 이름을 따서 '기요'라 하기도 하는데, 태평양만에도 1만 개 이상 분포하며 그 높이는 수킬로미터에 이른다. 정상부에는 천해성 퇴적물이 분포하는 특징이 있다.

기요(guyot)
일반적으로 1km 이상 깊이의 심해저에 있으며 꼭대기가 넓고 평탄한 해산. 평정 해산. 제2차 세계대전 말기 프린스턴 대학 헤스 교수가 하와이 근해에서 처음 발견한 것으로 같은 대학의 기상학 교수인 '아놀드 기요'의 이름을 따서 명명한 것이다.

또한 해저에도 육지보다 훨씬 크고 복잡한 산맥이 이어져 있음을 발견했다. 대서양의 해저산맥들은 수천 킬로미터 이상 이어져 있다. 이것은 아프리카의 남쪽을 돌아 인도양 서부로 올라가고, 인도양 중앙에서 나뉘어서 오스트레일리아와 뉴질랜드의 남쪽으로 나아가 태평양 주위를 도는 거대한 원형 띠를 형성하고 있는데, 총연장은 6만여 킬로미터로 지구 둘레보다도 길다.

1950년대 말 헤이즌은 그의 조수인 매리 타프와 함께 대서양의 해저 정밀 수심도를 작성하는 일을 했다. 2차 세계 대전 이후 정밀한 음향측심기에 의한 수심 관측 자료를 이용해 등고선을 그려나가던 중 북대서양의 해저산맥을 따라 깊은 V자 계곡이 있다는 사실을 발견했다. 한편 해저 케이블이 끊어지는 원인을 찾는 과정에서 해저 지진이 일어나는 지역이 놀랍게도 해저산맥을 따라 분포돼 있다는 사실을 발견했다.

한편 그들은 지하 핵실험을 위해 설치한 고감도 지진계에 기록된 지진 자료를 분석한 결과 해저산맥을 가로지르는 많은 단층에서 지진이 일어나는 지역은 정상부의 V자 열곡 사이에서만 일어난다는 사실을 알아냈다. 이와 같은 단층을 변환 단층이라고 하는데, 다음과 같은 모형을 만들어 그 원인을 알아볼 수 있다.

해저산맥 정상부의 V자 계곡을 열곡이라고 하는데, 해저에서는 열곡을 따라 맨틀 물질이 올라와 냉각돼 해령을 형성하는 곳으로 좌우 양쪽으로 조금씩 확장되고 있다. 따라서 열곡에서는 지진 및 해저 화산 활동이 자주 일어난다. V자 열곡 사이의 변환 단층은 해저의 확장으로 인해 해저 지각의 이동 방향이 다르기 때문에 지진이 자주 일어

| 변환 단층 모형 만들기 |

➔ 16절 종이, 자, 칼 등을 준비해 그림과 같이 선을 그린다.
종이 ①의 점선 부분을 칼로 자르고 ②의 가위 표시가 되어 있는 선을 자른다. 종이 ②의 점선을 따라 접어 종이 ①에 끼워 넣는다. 종이 ②를 잡아당기면서 변환 단층에서 지진이 일어나는 지역을 생각해 보자.

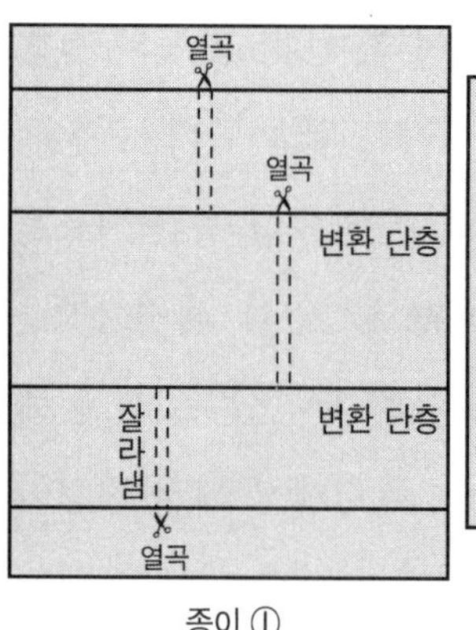

종이 ①

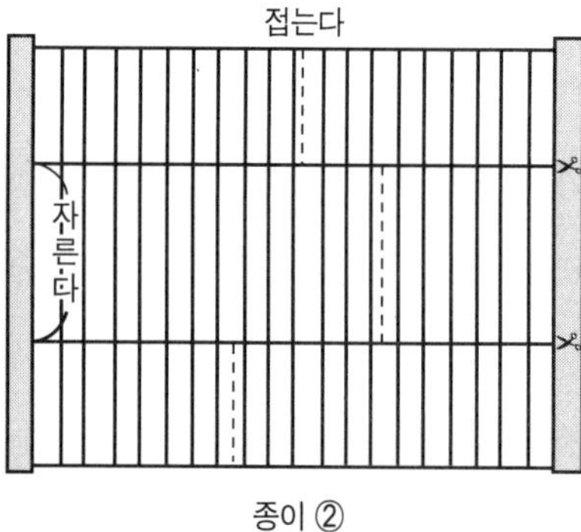

종이 ②

나지만 그 바깥쪽은 이동 방향이 같기 때문에 지진이 일어나지 않는다.

3. 해저 확장

해양저의 수천 미터 깊은 바다 속에서 발견되는 기요는 해저가 확장한다는 좋은 증거다. 평정 해산은 정상부가 평평할 뿐만 아니라 이곳에서 얕은 바다에서 사는 생물의 화석이 발견된다. 이것은 평정 해산이 한때는 얕은 바다에 있었다는 것을 의미한다.

결국 평정 해산은 해저산맥의 열곡 정상부에서 화산 활동으로 화산섬이 생기고 해저의 확장으로 해양판에 실려 이동해 깊은 바다 속으로 가라앉은 것으로, 정상부가 평평한 것은 수면 가까이에 있을 시기에 해파에 의해 침식당한 것으로 설명할 수 있다.

한편 해저 확장을 증명하는 결정적인 증거는 심해저를 시추한 글로마 챌린저호의 탐사 결과였다. 1968년 글로마 챌린저호는 대서양의 해저산맥을 굴착해 심해저 퇴적물의 연령을 분석한 결과 대양저 산맥으로부터의 거리에 따라 해저 지각의 연령이 많아짐을 발견했다. 즉 해저산맥을 중심으로 양 옆으로 가면서 해양 지각의 나이가 많아지는 것은 해저산맥에서 새로운 지각이 생성되며 확장된다는 결정적인 증거가 된다.

▌대양저 산맥으로부터의 거리와 해양 지각의 나이▐

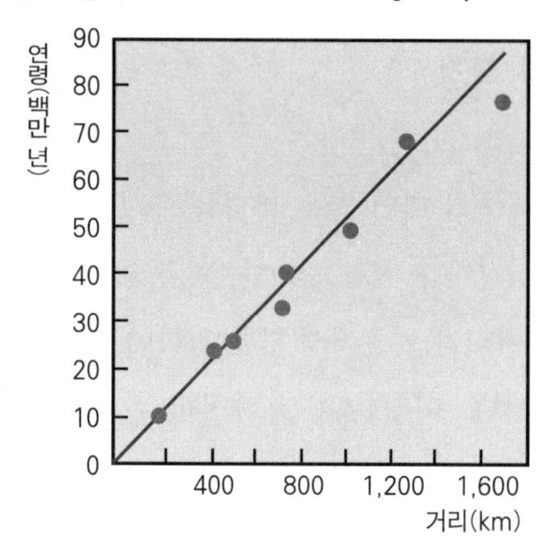

▌해저 퇴적물로 추정된 태평양저 연령▐

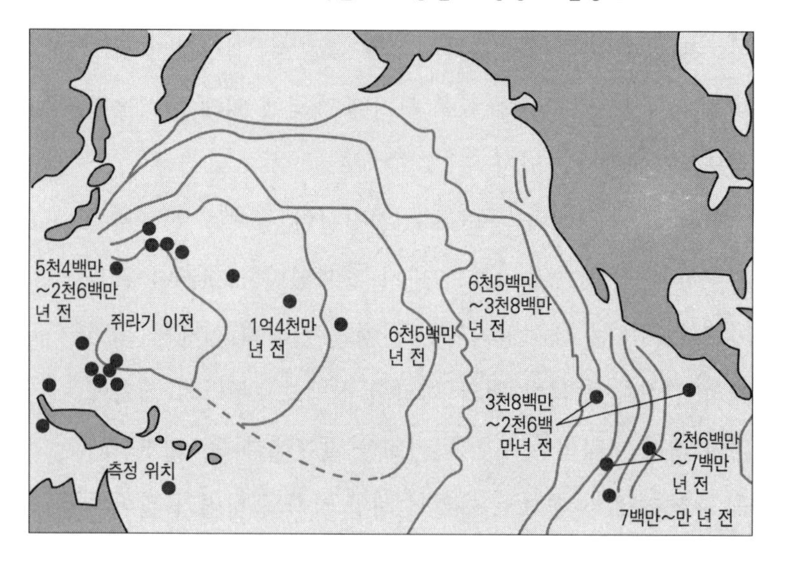

한편 해저 확장은 하와이 근처 화산섬의 분포로도 알 수 있다. 하와이 북서부에 있는 거대한 해저 화산섬들은 2,400km 이상 연속돼 분포하다가 미드웨이섬에서 다시 북서쪽으로 알류산 해구까지 3,500km 정도 이어진다. 이 연속되는 해저산이 해저 엠퍼러 해저산맥으로 산맥 끝의 해저산은 7천만 년 전에 형성된 것으로 생각된다.

하와이 근처의 지하 깊은 곳에는 끊임없이 마그마가 생성돼 올라오는 열점이 있다. 마그마가 계속해서 올라와 화산섬을 만들고 해저 확장이 계속되면서 해저 지각이 이동·

‖ 하와이 화산섬의 분포 ‖

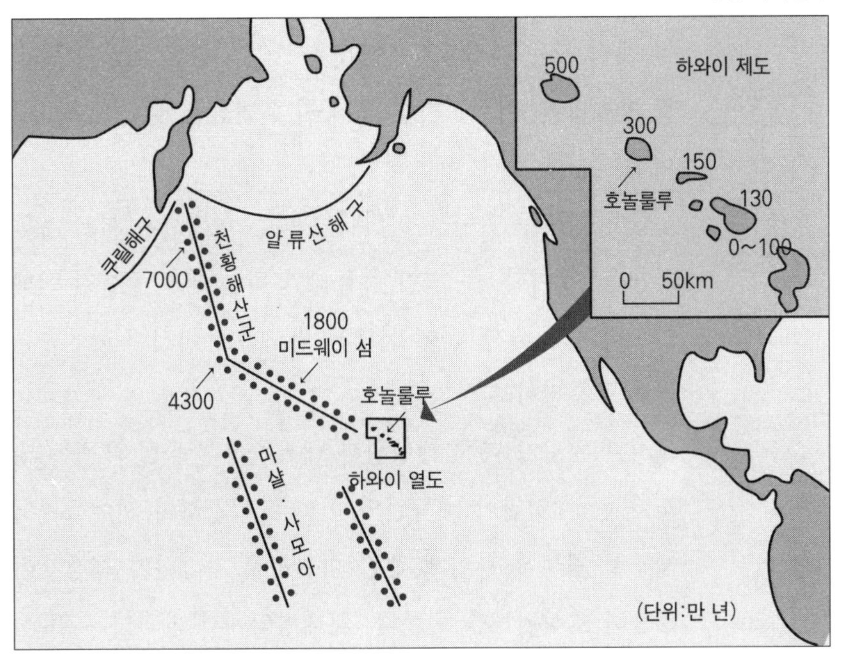

숫자는 화산섬의 연령을 나타낸다.

수축 · 침강돼 화산섬들은 하와이에서 먼 수면 아래로 들어가게 돼 열을 지은 화산섬과 해저산들이 분포하게 된다.

4. 판구조론

이와 같은 해저 확장의 증거와 함께 고지구자기에 의한 판의 이동에 관한 새로운 증거들이 발견됨에 따라 현재는 지각변동을 맨틀 층 위에 떠서 움직이는 판의 이동으로 설명하고 있다. 즉 지구 표면은 유라시아 · 아메리카 · 태평양 · 인도양 · 남극 · 아프리카 등의 큰 지판과 그 사이 20여 개의 작은 지판으로 돼 있어서 각각 다른 방향과 속도로 이동하며, 화산 · 지진 등의 지각 변동을 일으킨다는 것이다.

열곡에서 두 판이 분리된다면 다른 쪽에서는 서로 충돌하게 될 것이다. 두 판이 충돌하면 위 아래로 주름진 산맥을 형성한다. 히말라야 산맥은 인도판과 아시아판이 충돌하여 주름잡힌 것이다.

서로 밀도가 다른 해양판과 대륙판이 충돌할 때에는 밀도가 큰 해양판이 대륙판의 아래로 침강하여 끼여들면서 해구를 형성하고 이때 생긴 마찰열로 마그마가 생성되어 분출해 호상열도를 이룬다. 서태평양에서 발견되는 일본,

필리핀 해구와 섬들은 이런 예에 속한다.

▌파키스탄의 슬라이만 산맥 위성사진▐

◀ 인도판과 아시아판이 충돌하는 지역으로 지각이 방향성을 가지고 주름잡힌 모습을 볼 수 있다.

한편 샌프란시스코의 산안드레아스 단층은 태평양판과 아메리카판이 서로 미끄러지는 곳으로 이곳에서 단층과 지진이 많이 일어난다. 이러한 과정으로 판의 경계부에서 지각변동을 일으키기 때문에 지진과 화산 · 해구 · 조산대 등의 분포를 연구해 판의 경계를 알 수 있다.

베게너는 대륙과 해양의 기원에서 밝힌 그의 신념에 가까운 대륙이동에 대한 생각으로 평생 남한테 조롱받으며 살았으나, 현재 대륙이동을 믿지 않는 사람은 아무도 없다. 딱딱한 지각이 움직인다는 베게너의 인식 전환과 그

후 여러 과학자들에 의한 판운동의 발견은 코페르니쿠스의 지동설과 맞먹는 혁명적인 생각인 것이다. 이것은 베게너의 천재적인 두뇌에서 비롯됐다고 보기보다 수많은 과학자들의 희생과 용기에서 얻어진 방대한 양의 자료에 의해 진실이 밝혀졌다고 하겠다.

생각할 문제

10세기 경에 발견된 아이슬란드는 그림과 같이 대서양 중앙 해령의 연장선상에 위치해 있으며 아직도 화산이나 지진 활동이 일어나고 있다. 과학자들은 고지구자기의 정상기와 역전기의 무늬를 이용하여 아이슬란드 아래쪽의 해양 지각의 나이를 측정해 보니 그림 (나)와 같은 결과를 얻었다.

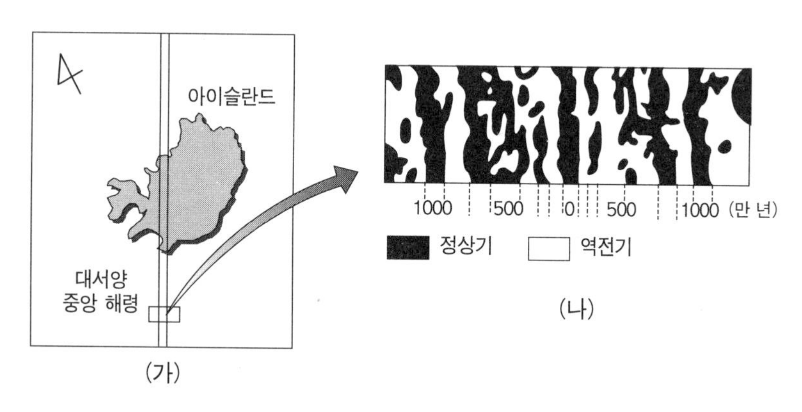

(가) (나)

다음 중 이 자료를 해석하여 얻은 결론으로 옳은 것은?

① 아이슬란드는 침강하고 있다.

② 아이슬란드에는 해구가 발달한다.

③ 아이슬란드는 주로 심발 지진이 발달한다.

④ 아이슬란드 하부는 맨틀의 하강류가 있는 곳이다.

⑤ 아이슬란드는 해령을 중심으로 양옆으로 확장되고 있다.

⑤

| 해 설 | 아이슬란드는 해저산맥이 해면 위로 나타난 섬으로 대서양 해저의 중앙 해령과 연장되어 있다. 따라서 섬의 중앙부에는 V자 열곡이 발달하고, 이를 따라 천발 지진과 화산 활동이 일어나는 등 해저가 확장되는 판의 경계인 해령에서와 같은 특징이 나타난다. 한편 해령은 맨틀 대류의 상승류가 있는 곳에서, 해구나 습곡산맥은 맨틀 대류의 하강류가 있는 곳에서 형성된다.

1963년에는 화산 폭발로 이 섬의 남쪽에 서르치섬이 형성되었으며, 1년에 수센티미터씩 계속 확장되고 있다.

T·H·E·M·E 9

대기온도의 미스터리

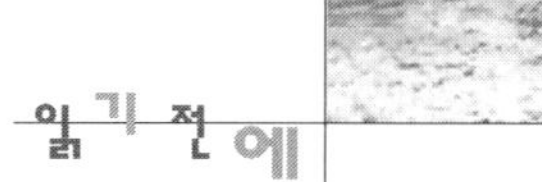

읽기 전에

태양에서 방출되는 에너지는 어떻게 지구에 도달하며 얼마나 지구에서 흡수되고 이동할까?

지구는 햇빛에 의해 기온이 유지되고 생물이 살 수 있는 최적의 환경이 수십억 년 동안 유지되고 있다. 이 장에서는 지구의 기온은 과거부터 어떻게 변해왔으며, 지구의 기온이 지질 시대를 거치며 수십억 년 동안 비교적 일정하게 유지된 이유에 대해 알아보도록 하자.

한여름의 따가운 햇볕은 식물들을 축 늘어지게 하고 사람들을 그늘로 모이게 한다. 그러나 햇빛이 없다면? 이런 상상에 이르면 바로 살을 검게 그을리는 따가운 햇볕까지도 다정하게 느껴진다.

만약 태양이 없다면 어떻게 될까? 온 세상이 암흑으로 덮여 햇빛을 필요로 하는 생물들은 더이상 살 수 없을 것이며, 밤낮의 구분도 없어질 것이다. 그러나 그보다 치명적인 점은 지구의 기온이 하강한다는 것이다. 지질시대에는 지구의 평균기온이 5~7℃ 정도 하강한, 흔히 빙하시대라는 시기가 있었다. 이 시기에는 지구의 많은 부분이 설빙으로 덮이고 많은 종의 생물이 멸종했다.

1. 지구의 기온은 어떻게 변해 왔는가

지질시대는 크게 선캄브리아대, 고생대, 중생대, 신생대로 나뉘며, 신생대는 제3기와 제4기로 나뉘고, 제4기는 다시 플라이스토세와 홀로세로 구분된다. 현재 우리가 살고 있는 시기는 홀로세에 속한다. 지질학적 연구에 의하면 제4기 플라이스토세에는 4회에 걸친 빙하기와 간빙기가 있었다.

제4기 플라이스토세의 빙하기와 간빙기

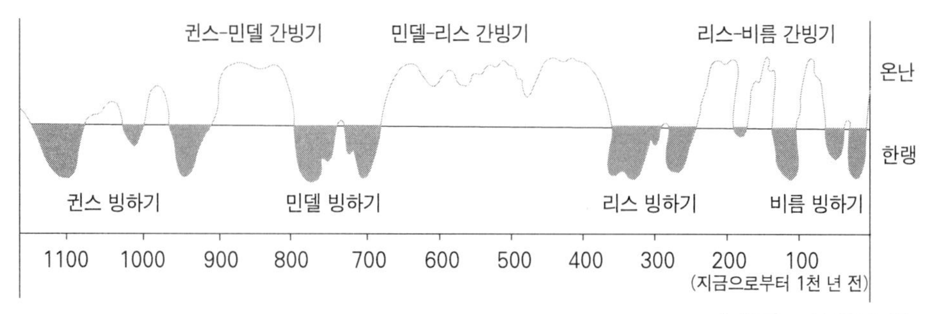

↑ 현재는 홀로세에 해당하며 기온의 변화를 볼 때 다시 빙하기가 오지 않는다고 장담할 수 없다.

현재는 빙하시대가 끝난 때로 생각해 후빙기라 불리기도 하지만 빙하기가 다시 닥쳐오지 않는다고 믿는 사람은 아무도 없다.

과거 지질시대에 수차례의 빙하기가 있었던 사실을 여러 곳에서 확인해 볼 수 있다. 인간이 살지 않았던 지질시대의 기후는 흔히 퇴적암 중에 포함돼 있는 화석들로부터 나타나는 다양한 동식물들의 분포, 방하에 의해 남겨진 흔적이나 방하 퇴적물에 관한 자료, 수목의 나이테 등을 이용한 간접적인 방법으로 추정할 수 있다.

근래에는 과거 생물의 유해에 포함돼 있는 방사성 원소의 분석으로 기온에 관해 추정하며 기후 이론에 의한 계산 결과도 기온 추정에 활용되고 있다. 이런 방법으로 추정된 과거의 기온 변화는 다음과 같다.

➔ 인류가 번성하고 있는 현재는 평균 기온으로만 볼 때 최적 기후라 할 수 있겠는가?

‖ 지구 평균 기온의 변화 ‖

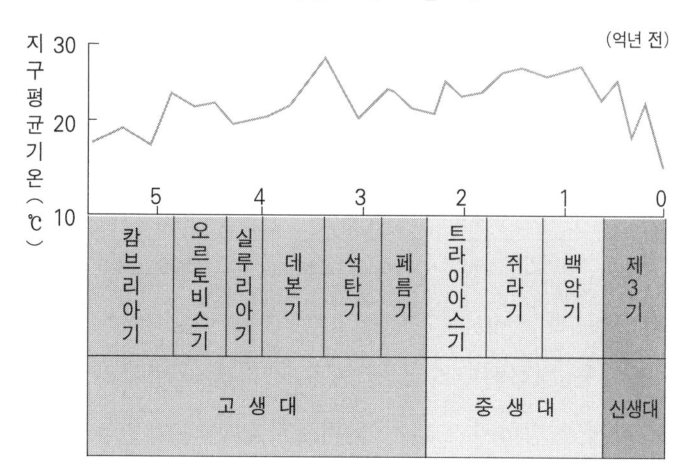

2. 지구 기온 변화는 왜 일어나는가

지구의 기온 변화가 일어나는 원인에 대해서 지금까지 알려진 것은 지표면 변화에 의한 반사율의 변화, 열원(熱源)인 태양 복사에너지의 변화, 지구 대기중에 포함된 이산화탄소 양의 변화 등이 있다. 이 중에서 이산화탄소는 온실 효과를 일으키는 물질로 지구 기온 변화에 주된 역할을 하는 것으로 여겨지고 있다.

현재 대기중에는 0.03%의 이산화탄소가 존재하는데, 연구 결과 이산화탄소의 농도가 2배가 되면 기온은 약 3℃ 올라가는 것으로 알려져 있다.

▮ 고생대 이후 지구 평균 기온의 변화 ▮

지질시대	각 시대의 시작과 끝 (1백만 년)	ΔT_{CO_2}	$-\Delta T_S$	ΔT_a	ΔT
전기 캄브리아기	570~545	3.3	3.9	3.6	3.0
중기 캄브리아기	545~520	4.6	3.6	3.0	4.0
후기 캄브리아기	520~490	2.8	3.5	3.0	2.3
전기 오르도비스기	490~475	7.7	3.4	3.4	7.7
중기 오르도비스기	475~450	6.3	3.2	3.4	6.5
후기 오르도비스기	450~435	6.3	3.1	3.4	6.6
전기 실루리아기	435~415	4.6	2.9	3.0	4.7
후기 실루리아기	415~402	4.6	2.8	3.0	4.8
전기 데본기	402~378	4.6	2.7	3.2	5.1
중기 데본기	378~362	6.1	2.5	3.0	6.6
후기 데본기	362~346	7.8	2.5	3.0	8.3
전기 석탄기	346~322	10.0	2.2	3.2	11.0
중 · 후기 석탄기	322~282	6.1	2.1	1.0	5.0
전기 페름기	282~257	9.2	1.8	0.8	8.2
후기 페름기	257~236	4.7	1.7	3.2	6.2
전기 트라이아스기	236~221	4.8	1.5	3.0	6.3
중기 트라이아스기	221~211	7.4	1.5	2.8	8.7
후기 트라이아스기	211~186	5.7	1.4	2.8	7.1
전기 쥐라기	186~168	6.0	1.3	3.0	7.7
중기 쥐라기	168~153	7.2	1.1	3.2	7.7
후기 쥐라기	153~133	8.9	1.0	3.0	10.9
전기 백악기	133~101	6.9	0.8	3.0	9.1
후기 백악기	101~67	7.7	0.6	3.2	10.3
팔레오세	67~58	4.0	0.4	3.0	6.6
에오세	58~37	6.0	0.3	2.8	8.5
마이오세	37~25	0.3	0.3	2.8	2.8
플라이오세	25~9	4.0	0.1	2.4	6.3
플라이스토세	9~2	1.8	0	1.6	3.4

← ΔT는 현재와 지질시대의 평균 기온의 차이, ΔTCO_2는 대기중의 이산화탄소 변화에 의한 기온 변화량, ΔT_S는 태양 복사에너지의 증감에 따른 기온 변화량, ΔT_a는 반사율 변화에 의한 기온 변화량을 나타낸 것이다. ΔT와 가장 관련이 깊은 것은 ΔTCO_2로 지구 평균 기온 변화에 가장 큰 영향을 주는 것은 대기의 온실 효과로 작용하는 이산화탄소 농도 변화임을 알 수 있다.

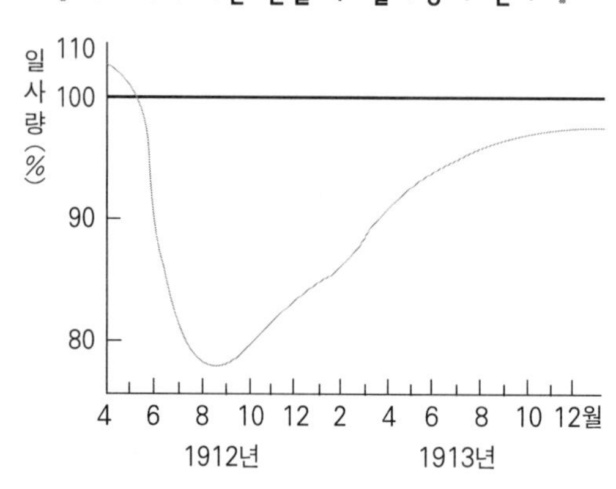

대기중의 이산화탄소뿐만 아니라 화산재나 에어로졸 등도 태양 복사에너지의 투과에 영향을 주어 기온의 변화를 초래한다.

↑ 화산재가 대기중으로 날려 태양 복사에너지를 차단하기 때문에 일사량이 급격히 감소했다.

운석의 낙하에 의한 충격으로 거대한 먼지 구름이 형성되면 지표에 도달하는 태양 복사에너지 양이 현저히 줄어들어 일시적으로 겨울 날씨를 보이게 되는데, 중생대 말의 공룡 멸망은 이와 같은 과정으로 설명되고 있다.

3. 지면에서 100%를 내보낸다?
—반사율과 복사 평형

태양으로부터 지구로 입사된 에너지를 100이라 할 때 우주공간으로 방출하는 복사에너지의 양 역시 100으로 복사 평형이 이루어져 지구의 온도가 일정하게 유지되고 있다. 언뜻 생각하면 태양에서 도달한 에너지의 100%를 모두 우주 공간으로 방출하고 있으므로 지구는 조금의 에너지도 가지고 있지 못하여 기온은 절대온도까지 내려갈 것으로 생각할 수 있다.

그러나 이것은 태양에서 받은 복사에너지를 지구가 다시 재복사한 것이지 태양에서 지구에 도달하는 에너지를 100% 반사한다는 것이 아니다. 즉 태양에서 지구에 도달하는 에너지는 자외선 · 가시광선 · 적외선 등 모든 파장의 복사에너지를 포함하고 있으나 이중 대부분은 파장이 짧은 가시광선 영역이어서 대기를 뚫고 지표에 도달하게 된다.

그러나 이런 과정을 통해 흡수된 에너지는 지표의 온도를 높이고 지표는 이를 우주 공간으로 재복사하게 된다. 이때에는 '빈의 변위법칙'에 따라 비교적 파장이 긴 적외선 영역의 복사에너지를 내게 된다. 대기중의 이산화탄소 등이 이를 흡수해 기온을 높이게 되는 것인데, 이를 온실효과라 한다.

태양에서 지구에 도달하는 에너지의 약 30%는 지표와 구름 또는 대기의 산란에 의해서 우주 공간으로 직접 반사되는데, 이를 반사율(알베도)이라고 한다. 반사율은 지면의 상태에 따라 다르며 그림에서 보는 것처럼 눈과 얼음 등이 50~70%로 가장 많고, 우거진 삼림이 3~10%로 가장 적다.

빈
(Wilhelm Wien, 1864~1928)
독일의 물리학자. 열(熱)에 관한 변위법칙을 발견하고, 그 밖에 복사열의 연구로 1911년 노벨 물리학상을 받았다.

빈의 변위법칙
흑체(黑體)에서 방사되는 여러가지 파장의 전자파 가운데 가장 에너지 밀도가 강한 것의 파장은 흑체의 절대 온도에 반비례한다는 법칙이다.

▌지표의 상태에 따른 반사율▐

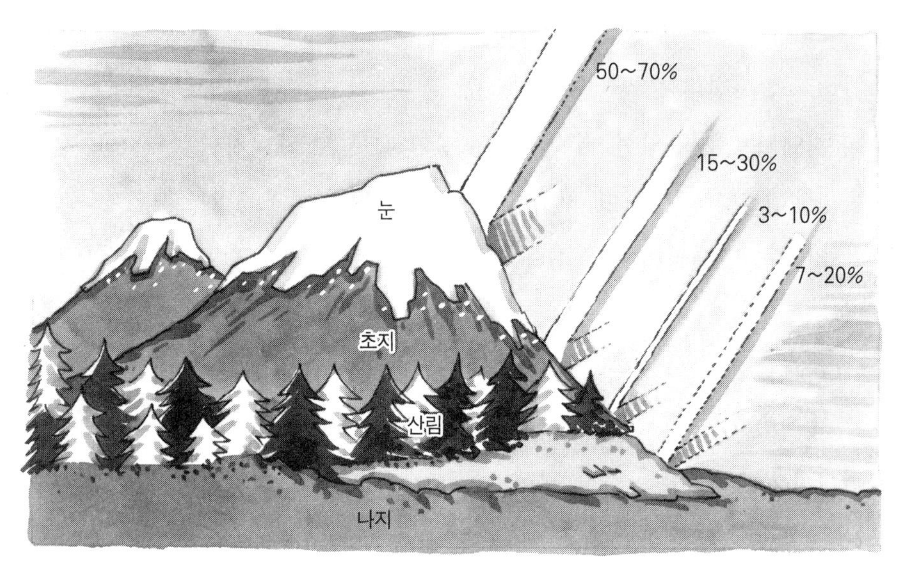

4. 온실 효과란 무엇인가

태양으로부터 지구와 비슷한 거리에 있는 달은 표면 부근의 평균 기온이 약 -18℃로 지구의 평균 기온 약 15℃에 비해 상대적으로 낮다. 이것은 어떤 이유일까?

달은 지구와 마찬가지로 밤과 낮의 기온 차이는 크지만 평균기온이 일정하게 유지된다. 이것은 다음 그림에서 알 수 있듯이 달의 표면이 태양으로부터 받는 복사에너지의 양을 100이라 하면 달의 표면에서 우주 공간으로 방출하는 복사에너지 양도 100이 돼서 복사 평형을 이루고 있기 때문이다.

우주비행사가 달의 표면에 유리온실을 지었다고 가정하자. 유리는 짧은 파장 영역의 복사에너지를 그대로 통과시키지만, 적외선 영역을 차단하는 특성이 있다. 유리가 달 표면에서 복사되는 에너지의 100%를 흡수한다면 유리는 다시 우주 공간과 달 표면으로 똑같이 재복사할 것이다.

결국 이와 같은 과정이 진전된다면 그림에서 볼 수 있듯

달에 건설된 온실에서의 복사 평형

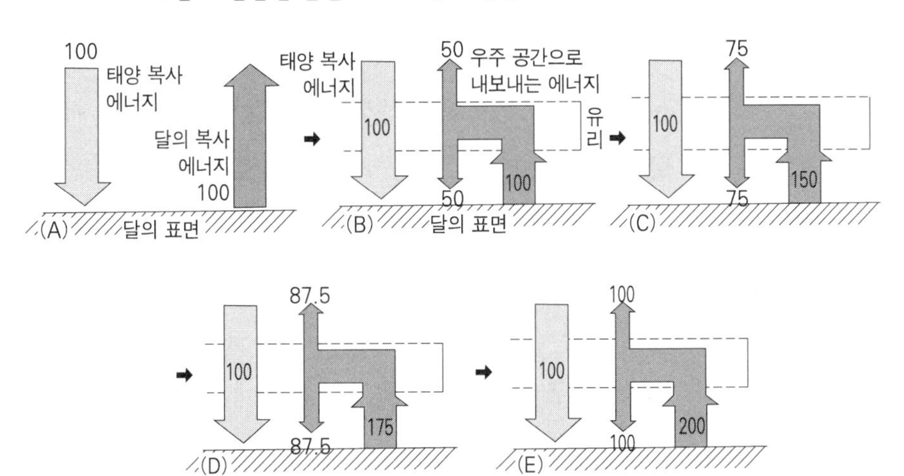

온실 효과에 의해 기온이 상승하는 과정을 단계적으로 나타낸 것이다. B에서 달의 표면에 150이 도달하게 돼 유리로 복사되므로 C에서와 같이 유리는 이를 흡수해 우주 공간과 달 표면으로 75씩 재복사한다. 그 다음 달의 표면은 태양 복사에너지 100+유리의 재복사 75, 즉 175를 흡수해 유리로 복사하며 이는 다시 87.5씩 우주 공간과 달 표면으로 재복사한다. 이런 과정으로 온실 내부는 유리로부터 재복사되는 양이 100에 이를 때까지 증가하며, 결국 우주 공간과 유리, 유리와 달 표면은 각각 복사 평형을 이루게 된다.

이 달 표면에 지은 온실 내부에서는 태양 복사에너지 100과 유리에 의해 재복사되는 에너지 100이 도달하게 돼 기온이 높아진 채로 복사 평형을 이루게 된다.

그러나 실제 상황에서는 유리면에서 반사되는 양, 유리가 달의 복사에너지를 전부 흡수하지 않는다는 점 등으로 약간 다를 수 있을 것이다.

지구 대기중의 이산화탄소나 수증기 등은 달 표면에 건설된 유리와 같이 적외선 영역을 흡수해 재복사하는 성질이 있으므로 온실 효과를 일으킨다. 즉 태양에서 같은 거리에 있는 달과 지구를 비교할 때 달에는 대기가 없고 지구에는 대기가 있으므로 온실과 같은 역할을 해 지표의 기온이 더 높은 상태에서 복사 평형이 이루어져 있기 때문에 달 표면의 온도보다 지구 지표의 평균 온도는 약 33℃ 높은 것이다.

5. 지구의 열수지

지구는 달에 건설한 온실에서와 마찬가지로 대기라는 담요로 덮여 있어 비교적 기온이 높은 채로 복사 평형이 이루어진다. 같은 예로 금성은 수성보다 태양에서 더 멀리 떨어져 있으나 짙은 이산화탄소 대기로 둘러싸여 있기 때문에 표면 온도는 470℃ 정도로 태양계 내 행성 중 가장 높다.

지구 대기 상한에서 태양빛에 수직으로 놓인 단위 면적에 도달하는 태양 복사에너지는 평균 2cal/㎠·min인데 이를 태양 상수라 한다. 이 양은 태양에서 방출하는 에너지의 20억분의 1정도로 태양에너지의 막대함을 짐작할 수 있다.

태양 복사에너지는 자전하는 지구 표면에 고르게 분배될 것이므로 그림에서 알 수 있듯이 지표에 평균적으로 도달하는 태양 복사에너지는 태양 상수의 4분의 1이 된다.

| 지표에 평균적으로 도달하는 태양 복사에너지 |

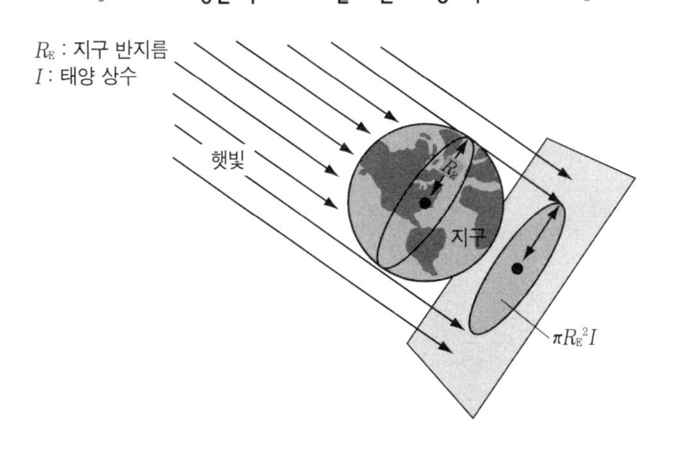

◆ 지구의 반지름을 R_E라 하면 지구에 도달하는 태양 복사에너지는 πR_E^2가 되며, 이를 전 지표면 $4\pi R_E^2$에 고루 나누어 가지므로 평균적으로 지표에 도달하는 태양 복사에너지 양은 4분의 1이 된다.

결국 지표에 평균적으로 도달하는 태양 복사에너지 양은 0.5cal/㎠·min가 된다. 이 값을 100%로 할 때 1987년 마시(W.M marsh)의 연구에 의하면 대기권 상층에서 오존에 의한 흡수가 3%, 대기중의 수증기와 이산화탄소가 흡수하는 양이 14.5%, 대기의 산란으로 7%, 구름에 의한 반사가 24%, 지표의 반사가 4% 등으로 총 52.5%가 소멸되고 그 나머지인 47.5%가 지표에 흡수된다고 한다.

지표에 도달하는 47.5%를 자세히 살펴보면 대기에 의한 산란된 에너지가 지표에 도달하는 양이 10.5%, 구름에 의해 산란된 에너지가 지표에 도달하는 양이 14.5%, 지면에 직접 도달한 태양 복사에너지가 22.5%로 결국 총량은 47.5%에 이른다고 한다.

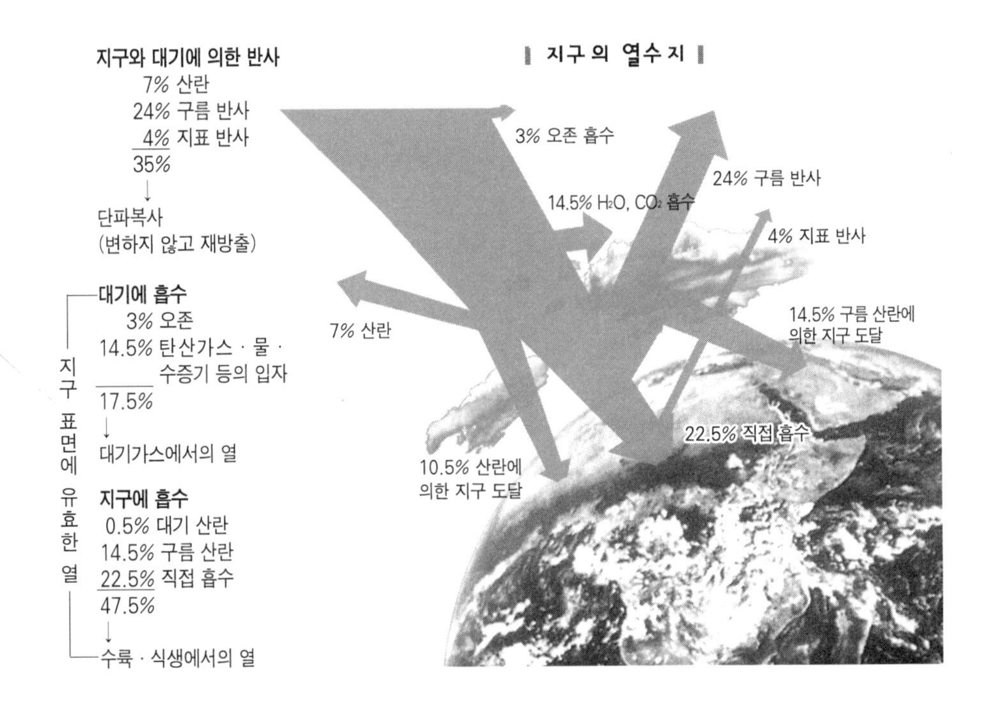

▌지구의 열수지▐

그러나 이와 같은 열수지 개념은 전지구적인 것이어서 계절적으로 또는 지리적으로 상당히 다를 수 있다. 따라서 표집한 지역의 관측 자료가 서로 다를 수 있기 때문에 학자에 따라서도 그 수치는 조금씩 다르다. 대체로 지면이나 대기 · 구름 등으로 반사되는 양이 30% 정도이고, 대기가 흡수하는 양이 20%, 지면이 흡수하는 양이 50% 정도이다.

이와 같이 흡수된 태양 복사에너지는 지면과 대기 사이의 열교환 과정을 통해 지구 복사(장파복사)의 형태로 대기에서 20%, 지면에서 50%, 총 70%를 우주 공간으로 방출해서 복사 평형을 이루고 있는 것이다.

생각할 문제

■ 지구는 탄생 이래 그림과 같이 태양으로부터 복사에너지를 끊임없이 받고 있으나 한편으로는 지구도 우주 공간으로 복사에너지를 방출하고 있다.

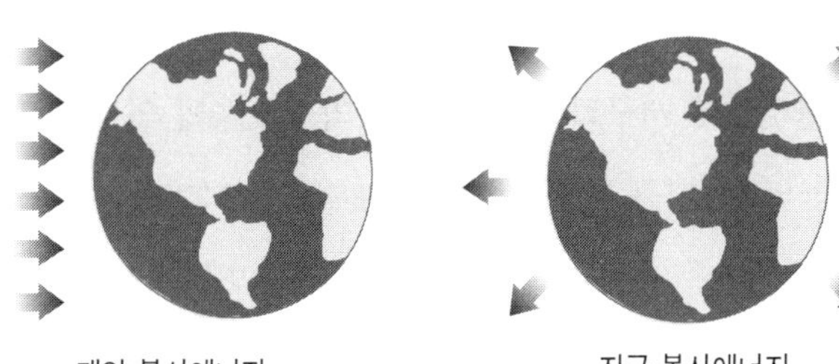

지구는 위도에 따라 다르지만 평균 15℃ 정도를 항상 유지하고 있는데 그 이유에 대한 설명으로 옳은 것은?

① 고위도의 남은 열이 저위도로 이동하여 평형을 이루기 때문에

② 지구에 도달하는 태양에너지가 바닷물에 모두 흡수되기 때문에

③ 지구에 도달하는 태양에너지를 지구상의 생물이 모두 흡수하고 있기 때문에

④ 태양—지구 사이의 거리가 너무 멀어 지구에 도달하는 에너지가 미약하기 때문에

⑤ 지구에 도달하는 태양 복사에너지와 지구에서 방출하는 지구 복사에너지가 같기 때문에

| 해 설 | 어떤 물체가 입사된 복사에너지를 모두 흡수하고 흡수한 양만큼 복사에너지를 방출하는 가상적인 물체를 흑체라 하는데, 지구도 흑체로 볼 수 있다. 지구도 태양으로부터 복사에너지를 끊임없이 받고 있으나 우주 공간으로 복사에너지를 방출하므로 지구의 평균 온도는 약 288K의 일정한 값을 유지하고 있다. 지구 대기의 상한에 도달하는 태양 복사에너지는 약 $2cal/cm^2 \cdot min$이다. 그러나 위도에 따라 태양의 고도가 다르기 때문에 저위도에는 많은 양의 에너지가 도달하여 에

너지 과잉이 일어나고 고위도에는 에너지 부족이 생기게 되는데 저위도의 과잉 에너지는 대기와 해수의 순환에 의해서 고위도로 이동하게 된다.

■ 지표면에 입사하는 에너지량에 대한 지표면에서 반사된 에너지량의 비를 반사율이라고 하는데, 반사율은 지표면의 상태에 따라 다양하며 지구의 평균 반사율은 약 30%이다. 그림은 지표의 여러 상태에 따른 반사율을 나타낸 것이다.

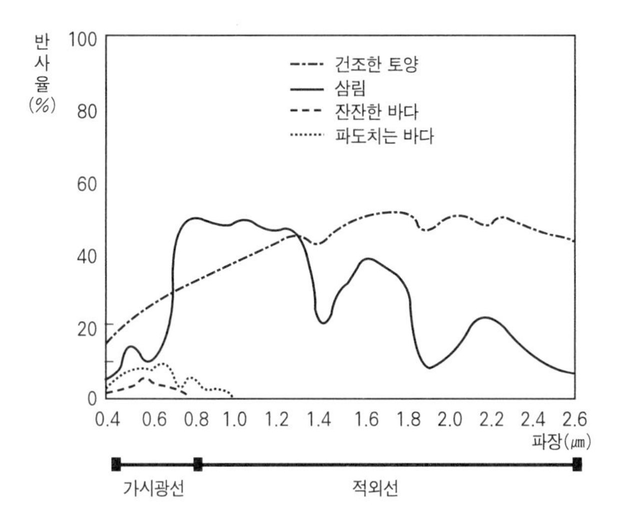

위 자료를 해석하여 지표의 상태가 달라질 때의 지구의 열수지를 바르게 예측한 것은?

① 적외선 영역에서의 반사율은 건조한 토양에서 가장 작다.

② 삼림의 벌목으로 나지가 증가하면 지구의 기온은 상승할 것이다.

③ 해수면이 상승하여 해양의 면적이 증가하면 지구의 기온은 낮아질 것이다.

④ 삼림에서는 가시광선 영역보다 적외선 영역의 에너지를 더 많이 흡수한다.

⑤ 가시광선 영역에서는 잔잔한 바다보다 파도치는 바다 표면에서 반사율이 더 크다.

⑤

| **해 설** | 지표의 상태에 따른 반사율 그래프에서 전파장 영역의 반사율은 그래프와 x축 사이의 면적에 해당하므로 건조한 토양의 반사율이 가장 크고, 잔잔한 바다에서 가장 작은 것을 알 수 있다. 건조한 토양과 삼림을 비교할 때 삼림에서의 반사율이 더 작으므로 삼림 면적이 줄어든다면 지구의 반사율은 더 커져서 지구의 기온은 낮아질 것으로 예측할 수 있으며, 해양의 면적이 증가한다면 지구의 반사율은 작아질 것이므로 평균 기온은 상승할 것으로 예측할 수 있다. 한편 가시광선 영역에서는 건조한 토양의 표면에서 반사율이 가장 크고, 잔잔한 바다 표면보다는 파도치는 바다 표면에서 반사율이 더 큼을 알 수 있다.

T·H·E·M·E 10

열대성 저기압이 발달한 태풍

읽기 전에

수소폭탄보다 더 강력하고 거대한 에너지 덩어리, 태풍. 그 무시무시한 위력으로 인간을 공포로 몰아가기도 하고, 한편으로는 신비로운 자연 현상이기도 한 태풍은 대체 어디서 발생하고 어떤 과정을 거쳐 발달하는 것일까? 또한 태풍을 순화시킬 수 있는 방법은 없을까? 이 장에서는 태풍의 발생과 발달 과정에 대해 알아보자.

여름 하면 불볕더위와 태풍을 생각하게 된다. 태풍은 우리가 여름철에 흔히 경험하는 기상현상의 하나이며 우리에게 많은 피해를 입히기도 하지만 과학자의 눈으로 보면 매우 신기한 기상현상이다. 기상위성에서 찍은 태풍의 모습은 웅장하며 아름답고 신비롭기까지 한데 이처럼 웅장한 모습은 어떻게 형성된 것일까? 또 이와 같은 거구를 움직이는 힘은 무엇이며, 어떻게 탄생하여 어디로 사라지는 것일까?

이 장에서는 인간을 공포에 떨게 하지만 신비로우며, 장난꾸러기 악동 같지만 없어서는 안 될 태풍에 대하여 알아보기로 한다.

1. 태풍인가 대풍인가

태풍은 비를 동반한 강한 바람이다(비를 동반하지 않으면 돌풍). 그러면 큰바람이란 뜻의 대풍(大風)이어야 하지 않을까? 옛 기록을 살펴보면, 오늘날 태풍에 해당하는 용어로서 풍이(風異)라는 말을 썼고, 그 강도와 피해 규모에 따라 나무가 뽑힐 정도의 바람은 대풍, 그보다 더 강한 바람은 폭풍이라고 했다. 풍이의 관측은 신라에 24회, 고구려에 4회, 백제에 4회 기록돼 있으며, 고려에 이르러 급증

하여 135회, 조선에 21회의 관측 기록이 있다. 여기서 이러한 기록은 기상학의 발전 수준, 또는 기상학에 대한 관심도와 관련이 있는 것이어서 그 횟수만으로 고려시대의 기상 조건이 가장 악조건이었다고 판단해서는 안 된다.

여하튼 지금 사용하는 태풍이란 말은 대풍을 말하고는 있지만, 어원으로는 남양 지방 필리핀 제도 부근에서 발생하여 불어오는 강한 열대성 저기압을 이르는 말인 타이푼(typhoon)을 지칭하는 말이다. 같은 성질의 열대성 저기압으로는 멕시코만이나 서인도 제도에서 발생하는 허리케인(hurricane), 인도양의 벵겔만이나 아라비아해에서 발생하는 사이클론(cyclone), 남반구의 오스트레일리아 부근 티모르해에서 발생하는 윌리윌리(willy-willy) 등이 있다.

열대성 저기압의 발생 장소와 명칭

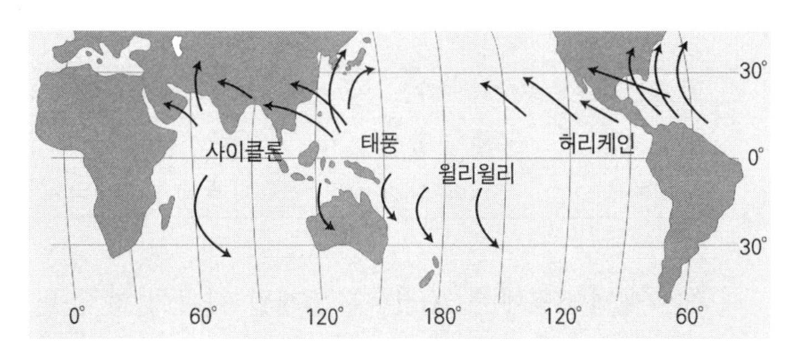

태풍은 발생 장소에 따라 그 지방의 고유어 이름을 붙인다.

저기압이란 주위보다 기압이 낮은 지역을 말하는 것으로 온대 저기압과 열대 저기압으로 구분된다. 이 두 저기압은 성질과 형성 과정이 서로 다르다. 즉 온대 저기압은 중위도 지방에서 찬 공기와 더운 공기가 만나는 전선면에서 찬 공기는 하강하고 더운 공기는 상승하여, 감소한 위치에너지만큼의 운동에너지가 저기압으로 발달하는 것이다. 열대 저기압은 열대 해상에서 수증기의 잠열 방출이 에너지원이 되어 발달한다. 다음 표는 열대 저기압, 즉 태풍과 온대 저기압의 특징을 비교한 것이다.

태풍과 온대 저기압의 특징

구 분	태 풍	온대 저기압
발생지	열대 해상	중위도 지방
등압선	거의 원형	거의 타원형
풍향	연속 변화	전선에서 급변
풍속	강함	비교적 약함
전선	없음	있음
눈	없음	없음
시기	여름~가을	연중
이동 경로	주로 포물선	서에서 동북동
에너지원	응결에 의한 숨은 열	기층의 위치에너지

태풍은 매년 6월에서 10월까지 5개월 사이에 가장 많이 발생한다. 매년 춘분에서 하지를 거쳐 추분에 이르는 반년 간은 적도에서 북회귀선 사이의 지역을 태양이 수직으로 비치고 있다. 때문에 북반구의 해수에서 증발이 왕성

하게 일어나 대기중에는 많은 양의 수증기가 포함되게 된다. 한편 남방의 섬 부근에서는 육지와 바닷물의 비열 차이로 섬 부근의 온도가 높아져 상승기류가 발생하게 되고, 섬 주위의 바다에서는 그 뒤를 메우기 위해 섬으로 향한 바람이 불게 된다.

| 남반구 섬 주위에서의 열대성 저기압의 발생 과정 |

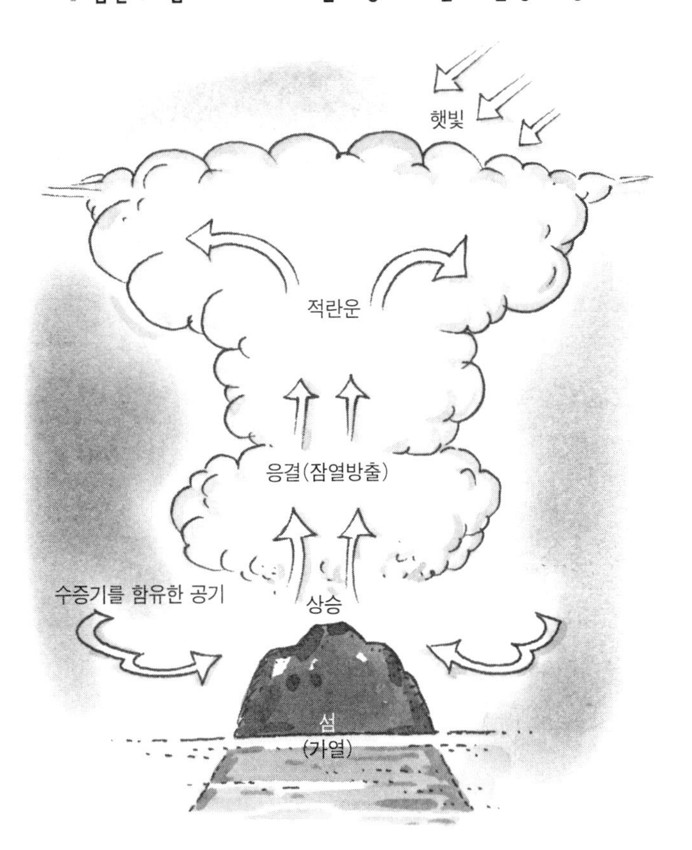

섬으로 유입되는 공기중에는 많은 수증기가 있다. 이 수증기가 상승하여 단열냉각되므로 수증기가 물방울로 변하면서 잠열(응결열 600cal/g)을 방출하게 된다. 이 열은 저기압의 중심부를 가열하여 상승기류를 강화하기 때문에 저기압의 세력은 점차 강해진다. 이를 동력으로 태풍이 발달한다.

이때 섬으로 유입되는 공기는 많은 양의 수증기를 함유하고 있으므로 상승하면서 냉각되어 응결이 일어나고 응결열을 방출하게 된다. 이때 방출된 응결열은 저기압 중심의 공기를 가열하여 저기압이 더욱 강화되는데, 이 같은 저기압을 열대 저기압이라 하고, 이를 씨앗으로 태풍이 되는 것이다. 적도 해상에서는 기온이 높아도 전향력이 작으므로 태풍으로 발달하지 못한다.

태풍의 씨 열대 저기압은 점차 발달하여 중심 풍속이 17m/s에 이르면 태풍이 되어 비로소 이름을 얻게 된다. 태풍의 명명법은 괌섬의 앤더슨 기지에 있는 미합동태풍경보센터(JTWC)에서 정해 놓은 남성과 여성의 이름을 교대로 붙였다. 그 이름은 영어 알파벳의 QUXYZ를 제외하고 알파벳 순으로 Andy, Brenda, Cecil 등이다. 태풍의 명칭은 1979년 이전에는 모두 여성 이름이었으나 사람들에게 피해를 주는 태풍의 이름을 여성 이름만 붙이는 것은 남녀 차별이라는 비판을 받아 우리 귀에 익은 사라, 엘리스 등 여성 명칭 일부는 사라지게 되었다.

한편 1999년부터는 서양식 이름에서 아시아 각국에서 제출한 태풍의 이름을 돌려가며 쓰기로 하였으며, 이에 따라 우리나라와 북한에서 제출한 우리말로 된 태풍의 이름이 쓰이고 있다.

깜짝과학상식

태풍의 이름
태풍위원회는 아시아 각 나라 국민들의 태풍에 대한 관심을 높이고 태풍 경계를 강화하기 위하여 서양식 태풍 이름에서 아시아(14개국)의 고유 이름으로 변경하여 사용하기로 했다. 각 국가별로 10개씩 제출한 총 140개가 각 조 28개씩 5개조로 구성되고, 1조부터 5조까지 순환하면서 사용하게 된다. 우리나라는 개미, 나리, 장미, 수달, 노루, 제비, 너구리, 고니, 메기, 나비이다.

2. 얼마나 크고 강력한가?

태풍은 계절풍이나 무역풍에 의해 발생지를 떠나면서 거대한 공기덩어리의 소용돌이로 발달한다. 보통 작은 것이라도 그 지름이 200km 정도이고 큰 것은 무려 1500km나 된다. 즉 태풍의 중심이 서울에 있다고 하면 우리나라 전체를 덮고도 남을 정도이며, 공기의 총무게로는 수십억 톤에 해당한다. 뿐만 아니라 태풍은 한 개당 10^{24}~10^{25}에르그 정도의 에너지를 가지는데 이것은 2메가톤의 수소폭탄을 매 분당 한 개씩 터뜨리는 위력에 해당하며, 우리나라에서 1년 간 생산하는 총전력량의 2배가 넘는 엄청난 에너지다.

에르그(erg)
그리스어로 '일'이라는 뜻. 일 또는 에너지의 C.G.S. 단위. 1다인(dyne)의 힘이 물체에 작용하여 그 힘의 방향으로 1cm 움직인 사이에 그 힘이 행한 일. 10^{-7}줄(Joule)에 해당한다.

▌태풍 강도▐

구 분	중심 기압	최대 풍속
초대형(초A급)	920hPa 이하	65m/s 이상
대형(A급)	920~950hPa	50~65m/s
중형(B급)	950~980hPa	30~50m/s
소형(C급)	980hPa 이상	17~30m/s

만약 이 에너지가 지구상에 모두 쓰여진다면 전 지구를 초토화시키겠지만 다행히도 거의 대부분은 태풍 자신의 거구를 움직이는 데 쓰이고 아주 적은 양만이 지면에 영향

을 미친다. 그러나 태풍의 위력은 엄청나 1959년 9월 경남 지방을 스쳐간 사라호 태풍은 사망 · 실종자 849명, 이재민 37만 명, 그리고 125억 원의 재산 피해를 입혔다. 그리하여 매년 전세계적으로 1만5천 명의 인명 피해와 150억 달러의 재산 피해를 입히고 있다.

1959년 사라호 태풍은 특A급이었는데, 태풍은 중심 기압과 중심 최대 풍속에 따라 초대형 · 대형 · 중형 · 소형으로 구분한다.

3. 방황하는 태풍

열대 해상에서 발생한 태풍은 처음에는 북서쪽으로 진행하다가 북위 20~30° 부근에 이르면 진행 방향이 북동쪽으로 전환되며 대체로 포물선을 그리는데, 진행 방향이 바뀌는 지점을 전향점이라고 한다.

▌태풍의 경로▐

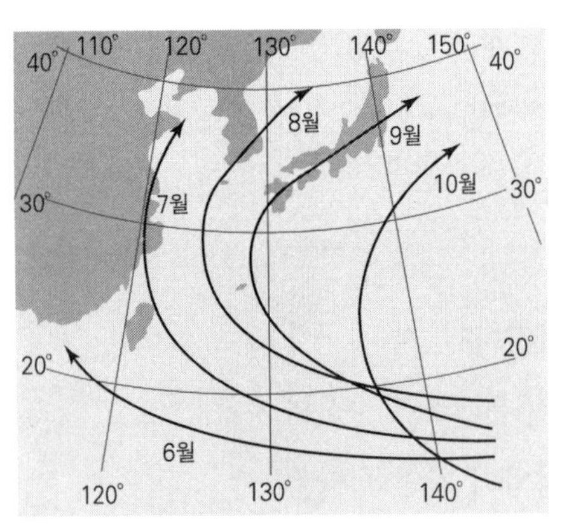

전향점은 계절에 따라, 또 태풍에 따라 다르지만 대체로 7월에서 10월로 갈수록 전향점이 낮아지는 경향이 있다. 이는 대기 순환과 북태평양 고기압의 배치와 깊은 관련이 있다.

북반구에서 하지에 태양의 고도가 최대가 되므로 대기 순환은 계절에 따라 변하여 편서풍과 무역풍의 풍계가 저위도 지방으로 낮아지게 된다. 한편 아열대 지방에서 발생한 태풍은 편동풍과 북으로 향하는 계절풍에 의하여 북동쪽으로 이동하다가 중위도 지방에 이르러 편서풍대에 들어서면 북으로 향하는 힘과 편서풍에 의하여 북서쪽으로 진로를 바꾸게 돼 풍계에 따라 전향점이 저위도 지방으로 이동한다.

그러나 태풍의 진로는 고기압의 배치와도 밀접한 관련이 있어 일괄적으로 말할 성질의 것은 아니다. 대체로 북태평양 고기압의 서쪽 가장자리를 도는 것처럼 진행한다. 즉 6월의 태풍은 계속 서쪽으로 진행하여 남지나해 쪽으로 향하고, 7월의 태풍은 대만 근해에서 중국 대륙으로 상륙하게 되며, 8월 중순에서 9월 초순까지는 북태평양 고기압의 세력이 약화되어 일본열도까지 움츠러들게 되므로 우리나라 쪽으로 진행해 오는 경우가 많다. 9월의 태풍은 남쪽 해상으로부터 오키나와 동쪽 해상을 지나 일본열도 쪽으로 지나가고, 10월의 태풍은 일본 남쪽 해상을 멀리 지나간다.

그러나 이 같은 태풍의 진로는 일반적인 것일 뿐 예외가 많은데 1991년의 글래디스가 그 좋은 예다. 이러한 진로를 이상진로라 하는데 이상진로의 예보는 매우 힘들다. 일

깜짝과학상식

태풍의 관측

오늘날에는 먼 곳까지 관측할 수 있는 기상 레이더가 주요 지점의 여러 곳에 설치되어, 접근하는 태풍의 여러 가지 성질과 구조 및 세기, 이동 방향 등을 관측하여 예보하고 있다. 또한 지구 전체를 내려다볼 수 있는 기상위성이 지구 상공에 여러 개 설치되어 있는데, 이 기상위성이 지구 전체의 적외선 사진을 정기적으로 찍어 지구로 보내주고 있기 때문에 여러 가지 기상 현상을 쉽게 알 수 있다.

▌이상진로를 보인 글래디스 태풍 진로도▐

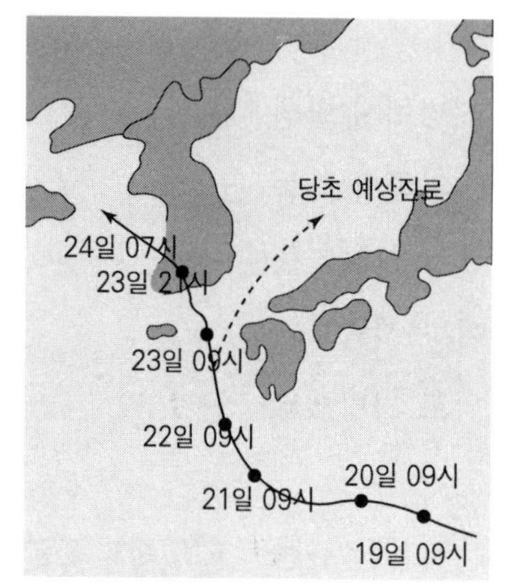

례로 태풍의 진로 예보 수칙에는 20여 가지가 있다고 하는데, 이런저런 방법을 동원하여 예보하여도 맞지 않자 이를 평균하여 예보하였더니, 이 방향은 실제와 정반대의 방향이 되었다고 한다.

태풍의 진로 예보에는 전향점 예측이 중요한데, 이것은 태풍의 진행 속도를 보면 일본열도 부근에까지는 대체로 20km/h로 진행하며, 전향점에 이르면 아주 느려져서 거의 제자리걸음을 하다가 방향을 바꾸면 속도가 급격히 빨라져서 시속 30~60km/h에 이른다. 따라서 전향점을 예측하지 못하면 진행 방향을 잡지 못하게 되므로 큰 피해를 입게 된다.

태풍의 진로 예보에는 타이로스나 GMS 등의 기상위성 관측자료가 이용되나 괌섬에 있는 미군의 앤더슨 기지에서는 C-130 수송기를 개조한 WC-130이라는 태풍 관측 비행기를 이용하여 직접 태풍으로 뛰어들어 한 개의 태풍에 대해 15회 이상 관측하고 있다. 위험이 따르는 일이지만 태풍의 발달과 쇠약 상태를 가장 잘 확인할 수 있는 관측 방법이다.

태풍은 저기압의 일종이므로 북반구에서는 중심을 향하

여 반시계 방향으로 불어 들어가는 소용돌이 바람이 생기며, 중심으로 갈수록 풍속이 강해진다. 그래서 항해하는 선박에게 있어서 태풍은 블랙홀과 같다. 그러나 태풍이 진행하는 방향의 왼쪽 반원은 좀 나아서 때로 파선을 면하고 빠져나올 수 있는 경우도 있다. 이를 가항반원이라고 한다. 그 원리는 다음 그림과 같다.

가항반원의 원리

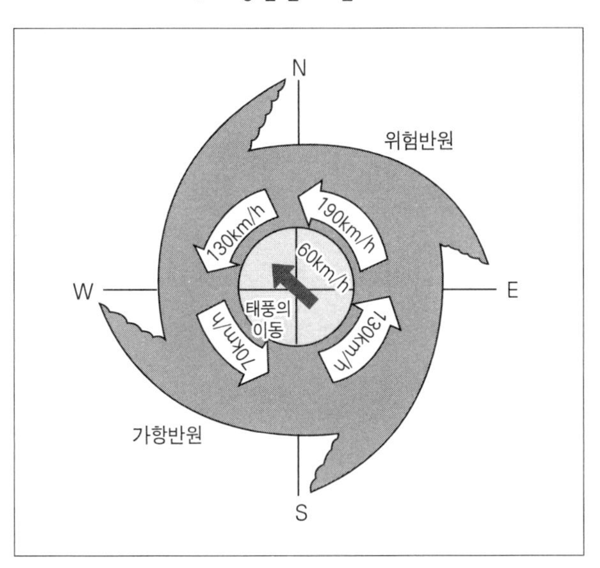

진행 속도가 60km/h인 태풍이 있다고 할 때 중심 풍속이 130km/h라면 그림에서 보는 것처럼 중심부에서 반시계 방향으로 바람이 불어 들어가므로 오른쪽 반원은 태풍 자체의 풍속에 진행속도가 더해져서 60+130=

190(km/h)의 풍속이 되고 왼쪽 반원은 서로 상쇄되어 130-60=70(km/h)가 되므로 보다 적은 풍속을 맞게 된다. 따라서 위험률이 적다.

가항반원과 위험반원의 차이는 1959년 9월 사라호 태풍이 충무 지방에 상륙하여 울산 남쪽을 지나 동해로 빠져 나갔을 때 오른쪽에 해당하는 부산 쪽은 막대한 피해를 주었지만 왼쪽에 해당하는 경북 지방은 피해가 훨씬 적었다는 것을 보아도 짐작할 수 있다.

4. 고요한 태풍의 눈

태풍은 안쪽으로 갈수록 풍속이 증가하나 중심에는 하늘이 맑고 바람이 없는 고요한 상태를 유지하는데 이를 태풍의 눈이라고 한다.

태풍의 눈은 중심으로 불어드는 강한 바람으로 인한 원심력의 작용으로 약한 하강 기류가 생겨 형성된 것으로 지름이 수십 킬로미터에 이른다. 그러나 태풍은 이동하므로 어느 한 장소에서 이러한 상태가 오래 유지되지 못하고 바로 폭풍우에 휩싸이게 된다.

태풍이 접근하면 바람과 호우를 동반한다. 이 때는 소낙성의 강한 비가 1~2시간 내리다가 그치는 식으로 되풀이

태풍의 눈
태풍 중심역의 바람이 약하고 푸른 하늘이 보이는 지역을 태풍눈이라고 한다. 저위도 지방에서는 뚜렷하게 나타나지만 중위도 지방으로 북상하게 되면 점차 희미해진다. 눈의 지름은 20~200km 정도이나 일반적으로 발생기에는 크고, 발달됨에 따라 점차 작아진다. 형태는 보통 원형이지만 때로는 타원형이 될 때도 있다.
눈이 발생하는 원인은 원운동을 하면서 휩쓸려 들어온 공기덩이가 각 운동량을 보존하여 중심에 가까워질수록 바람이 강해진다. 그렇게 되면 공기덩이에 작용하는 원심력도 현저히 강해지므로 중심부에 들어갈 수 없게 되어 눈이 형성된다. 이론적 계산에 의하면, 태풍의 주위와 중심 사이의 기압차가 클수록 눈의 범위는 좁아진다.

된다. 이는 태풍을 이루는 나선형의 비구름대가 차례로 내습하기 때문이며, 호우를 동반하는 것은 태풍이 수증기를 많이 함유한 공기덩어리이기 때문이다.

태풍은 등압선의 모양이 대체로 원형을 이루고, 전선을 동반하지 않는다. 등압선의 간격은 중심으로 갈수록 조밀해지나 진행 방향의 왼쪽보다는 오른쪽에서 조밀하다.

다음 표는 태풍 전후의 기압과 풍속을 나타낸 것인데, 기압 하강은 급하여 태풍 중심이 통과하기 3시간을 전후하여 깔대기 모양을 이룬다. 온대 저기압이 통과할 때와 판이하다.

깜짝과학상식

❙ 태풍의 일생

① 발생기 : 저기압성 순환이 지상에 나타나기 시작하여 태풍으로 발달될 때까지를 말하며, 진행속도는 안정되어 있지 않고, 중심위도는 5~15°이다.
② 발달기 : 중심시도가 최저이고, 풍속이 최대가 될 때까지이다. 보통 서 또는 북서로 20km/h 정도의 속도로 진행한다.
③ 최성기 : 중심시도는 그 이상 깊어지지 않으나 태풍의 범위가 점차 넓어져 가장 발달된 시기이다.
④ 쇠약기 : 태풍이 쇠약하여 소멸되거나 또는 중위도에 진입하여 온대저기압으로 변질되는 시기이다. 우리나라에 영향을 끼치는 태풍은 주로 최성기가 지났거나 쇠약기의 태풍이다.

❙ 1959년 9월 태풍 사라 통과 때의 기압과 풍속 분포 ❙

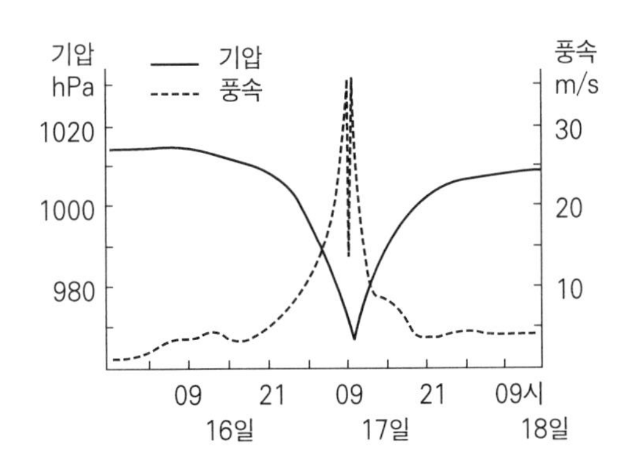

5. 미우나 고운 태풍

태풍은 육지에 상륙하면 급격히 쇠약해지는데, 그것은 육지와의 마찰에 의한 것이라기보다는 동력이 되는 수증기의 공급이 중단되기 때문이다. 태풍이 갑자기 사라졌다고 해도 그 잔여물질(에너지와 수증기)은 며칠 후에 호우 등의 형태로 나타난다는 것에 주목해야 한다.

그러면 이처럼 피해가 많은 태풍이 없어진다면 어떻게 될까? 중위도 지방에서는 태풍이 동반한 강수 현상이 없어지므로 물 부족이 생길 것이다. 그러나 이보다도 태풍은 저위도 지방에 축적된 대기중의 에너지를 고위도 지방으로 수송하여 남북의 온도차를 조절하는 기능이 있는데, 태풍이 없다면 지구상의 남북 온도차가 커져서 이상 기온이 생기고 기후 변동이 생겨 생태계가 급변하게 될 것이다.

1961년 이후 미국에서 한때 태풍을 인위적으로 조절해 보려는 스톰 퍼리(Storm Furry) 계획이 있었다. 태풍에 다량의 요오드화은(AgI)을 살포하여 인공 강우를 일으켜 소멸시키려는 계획이었다. 실험 결과 대체로 풍속이 15% 정도 줄었으나 때로는 더욱 발달하기도 하였다. 또 태풍 내습이 있은 직후 드라이아이스를 태풍의 눈 주위에 뿌려 놓았더니 태풍의 경로가 급변하는 이상현상이 일어났다. 이처럼 태풍은 아직도 신(神)의 손에 놓여 있는 것이다.

우리 인간은 '미우나 고운' 태풍처럼 자연계에는 어느 것 하나 버릴 것이 없음을 알고 자연을 정복하려고 하기보다는 자연을 잘 알고 이해함으로써 자연계와의 조화 속에서 살아가도록 노력해야 할 것이다.

생각할문제

태풍은 저위도 열대 해상에서 발생하는 열대 저기압으로 중심 부근에는 17m/s 이상의 강한 바람이 불어 큰 피해를 입힌다. 태풍은 진행 방향의 왼쪽보다는 오른쪽 반원이 더 큰 피해를 입는데, 이것은 태풍의 진행 속도와 풍속의 합성으로 설명될 수 있다.

다음 그림은 월별 태풍의 평균 진로를 나타낸 것이다.

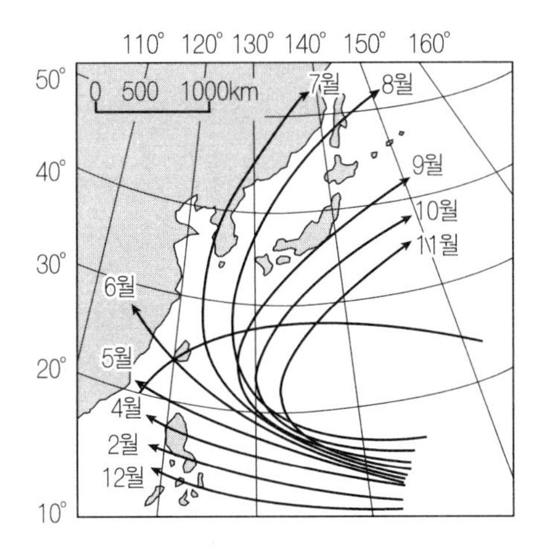

다음 중 이 그림을 통하여 추정한 결론으로 옳은 것은?

① 북태평양 고기압이 강해질수록 태풍의 진로는 남쪽으로 치우친다.

② 우리나라는 8월보다는 7월의 태풍이 더 큰 피해를 입힌다.

③ 태풍의 발생지점은 시간이 갈수록 점차 저위도로 이동한다.

④ 태풍의 전향점은 8월 이후 점차 상승한다.

⑤ 8월 이후 태풍의 진행 속도가 빨라진다.

②

| 해 설 | 그림에서 태풍의 발생지점은 점차 고위도로 상승하며, 전향점 또한 7, 8월까지는 상승하다가 그 이후에는 하강함을 알 수 있다. 이것은 8월 이후 북태평양 고기압의 세력이 약해지며, 편서풍과 무역풍대의 경계가 남하하기 때문이다. 한편 우리나라에 영향을 미치는 태풍은 7, 8월의 태풍인데 태풍 진로의 오른쪽 반원이 위험반원임을 고려하면 8월의 태풍에는 안전반원에 속하고 7월의 태풍에는 위험반원에 속하여 7월의 태풍이 더 큰 피해를 입힐 것으로 추정할 수 있으며, 위 그림으로는 태풍의 진행 속도를 알 수 없다.

T·H·E·M·E 11

눈의 결정

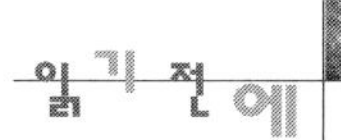

'겨울의 꽃'이라 할 수 있는 눈은 보는 이의 눈을 즐겁게 해줄 뿐만 아니라 혹한 추위 속에서도 포근함을 느끼게 하여 겨울의 아름다움을 장식한다. 이 장에서는 기압이나 온도 조건에 따라 다양한 모양으로 연출되는 눈의 생성 과정과 결정 모양에 대해 알아보자.

눈의 결정의 크기는 대개 2~3mm인데, 그 모양은 다양하고 아름다우며 똑같은 결정이 없다. 눈 결정의 연구로 유명한 벤틀리(Bently)는 6천5백 종이라는 많은 수의 눈 결정을 제시한 바 있다.

1. 눈의 모양은 규칙적인가

1865년 미국의 한 농촌에서 태어난 벤틀리는 정규 교육을 받지 못했지만 어린 시절 어머니께 선물로 받은 현미경으로 틈틈이 눈의 결정을 들여다보며 그 아름다움에 감탄하였다. 그때부터 그는 일생을 눈 결정을 조사하는 일에 바쳤다.

농부였던 그는 농사 짓는 틈을 타서 눈 결정 관측에 열중해 1907년 1천3백 종의 눈 결정을 촬영했고, 1913년에는 6천5백여 종의 눈 결정 사진을 모아 《눈의 결정》이라는 책을 발간하기도 했다.

▮ 눈의 결정 ▮

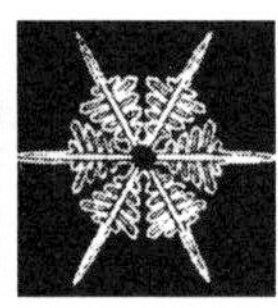

이처럼 눈의 결정은 다양한 모양을 하고 있는데, 이것은 생성 당시의 수증기압과 온도 조건이 다르기 때문이다. 6각형을 기본 구조로 하고 있는 것은 얼음의 표면장력이 6방향으로 극소치를 취하기 때문인 것으로 알려져 있다.

2. 물의 세 가지 상태

대부분의 물질은 기체 · 액체 · 고체로 그 상태가 변한다. 1기압 아래에서 물은 100℃ 이상에서는 기체인 수증기, 0℃ 이하에서는 고체인 얼음이 된다. 수증기 속에서의 물분자는 큰 운동에너지로 공간을 자유롭게 운동하지만 100℃ 이하에서는 운동이 완만해지고 분자간의 인력에 의해 2개 또는 그 이상의 분자가 결합, 체인 모양 또는 5각형이나 6각형의 구조로 응집해 액체가 된다. 온도가 더욱 내려가 0℃ 이하가 되면 물분자가 규칙적으로 배열하여 얼음이 된다.

액체나 고체 상태인 물에서 물분자간의 결합 방식은 수소 결합으로 물과 얼음에서의 수소 결합의 비율이 달라진다. 물이 얼음이 될 때는 수소 결합에 의해 빈 공간이 많은 구조가 형성되어 부피가 커진다. 얼음의 밀도가 물보다 작은 것은 이런 이유 때문이다.

깜짝과학상식

얼음 위의 돌은 왜 가라앉을까?

결빙된 물의 얼음 표면에 돌을 던지면, 돌은 그 표면에 머물러 있는다. 이것은 얼음이 딱딱하기 때문이다. 하지만 물이 아주 차갑지 않다면, 돌은 곧 가라앉기 시작할 것이다. 첫 번째 이유는 돌이 얼음처럼 희지 않기 때문이다. 돌은 주변 얼음보다 열을 더 많이 흡수한다. 태양이 돌 위에 비치면, 공기의 온도가 영하라고 해도 돌의 온도는 영상으로 올라가는 일이 생길 수 있다. 그러면 돌이 그 아래와 그 옆의 얼음을 녹이기 시작하여 더 깊은 곳으로 미끄러져 들어간다. 이때 짙은 색의 돌이 밝은 색의 돌보다 더 빨리 가라앉는다. 두 번째 이유는 돌이 끊임없이 얼음을 내리누르고 있기 때문이다. 압박은 열을 발생시키고, 열이 발생하면 그 아래의 얼음이 녹는다.

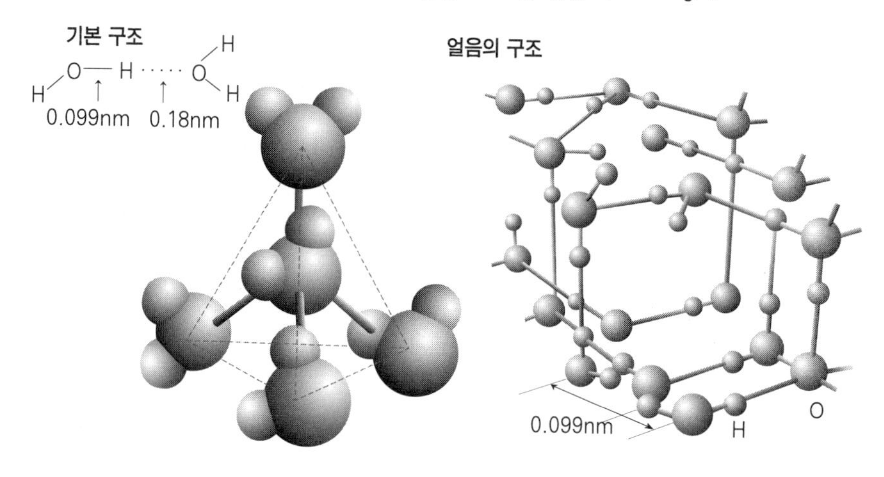

▮ 수소 결합에 의한 얼음 구조 모형 ▮

3. 눈은 어떻게 형성되는가

공기중으로 들어간 수증기는 그때 온도에 따라 작은 물방울로 되어 안개나 구름 또는 빙정(얼음 알갱이)이 된다. 응결핵이 있으면 응결이 잘 일어나는 것과 마찬가지로 빙정이 되는 데에도 빙정핵이 있으면 빙정이 많이 생성되는데, 자연 상태에서 빙정핵의 역할을 하는 것은 유성의 연소 생성물, 화산재, 점토, 황사 등이다.

지표에서는 0℃ 이하가 되면 물이 얼어붙지만 아주 작은 물방울 상태에서는 0℃ 이하에서도 물의 표면장력 때문에 얼음이 되지 않고 물의 상태로 존재하는 경우가 있는

데, 이를 '과냉각물방울'이라고 한다. 따라서 대기의 기온이 0℃ 이하인 곳에서도 빙정과 과냉각물방울이 함께 섞여 있게 된다. 이러한 물방울이나 빙정은 적당한 조건이 되면 비나 눈이 되어 지표에 내린다.

‖ 빙정의 모양 ‖

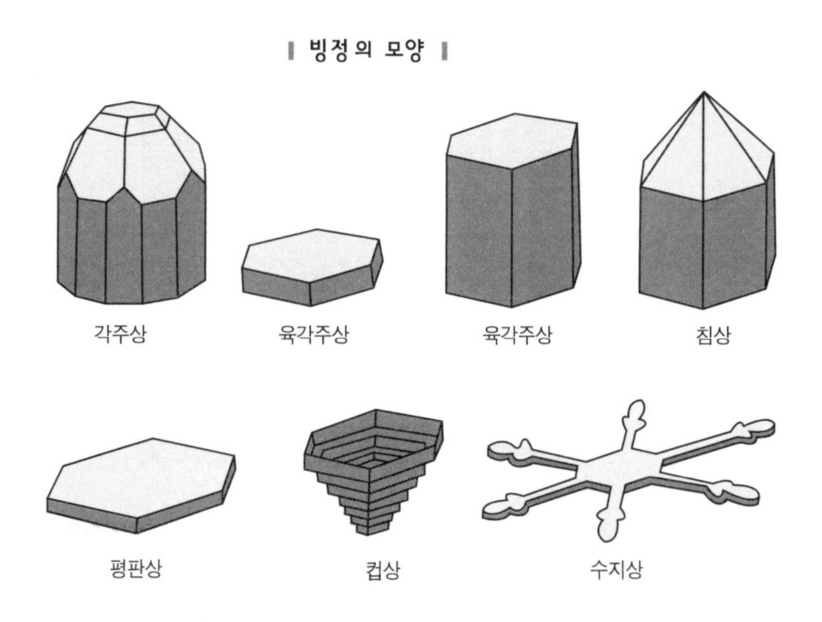

열대 지방에서 내리는 비를 제외한 거의 대부분의 지역에서 내리는 비는 대개 고공에서는 빙정을 핵으로 하여 눈으로 성장했다가 하강함에 따라 녹아서 비가 되어 내린다고 생각한다. 대개 -25℃ 정도의 고공에서 빙정핵을 중심으로 빙정이 생성되는데, 지면에서 상공으로 갈수록 공기의 온도는 100m마다 약 0.5℃의 비율로 낮아지므로 지

상의 기온이 0℃라고 할 때 약 5km의 고도에서 빙정이 생성된다.

| 눈의 발생 모형도 |

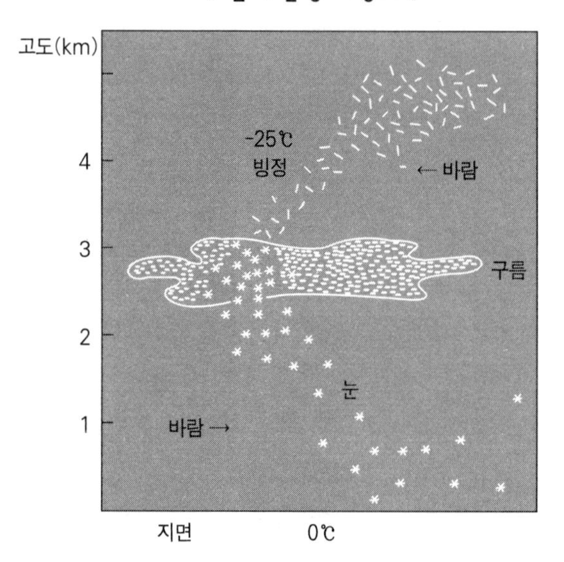

| 빙상 선수들이 정말 '얼음' 위를 달리는 걸까?

우리가 스케이트를 신으면 얼음 표면 위를 미끄러져간다. 하지만 얼음 바로 위는 아니다. 스케이트를 타는 동안 스케이트 날 아래에는 피부처럼 얇은 물로 된 막이 형성된다. 이 막은 스케이트를 신은 사람이 그 지점 위에 가하는 압력으로 그 아래의 얼음이 녹기 때문에 생긴다. 따라서 빙상 선수들은 얼음 위가 아닌 물 위를 달리는 것이라고 말할 수 있다.

빙정이 바람에 날리면서 2~3km 부근에서 과냉각 상태의 구름을 만나면 빙정은 구름 입자로부터 증발된 수증기를 자기 주위에 응결시켜 급속히 성장한다.

이때 빙정이 성장하는 것은 물에 대한 포화 수증기압과 얼음에 대한 포화 수증기압의 차이 때문이다. 즉, 물에 대한 포화 수증기압과 얼음에 대한 포화 수증기압이 0℃에서는 4.58hPa로 같지만, -15℃에서는 물에는 1.43hPa, 얼음에는 1.24hPa로 얼음과 물에 대한 포화 수증기압의 차이가 가장 크다.

▮ 온도에 따른 물과 얼음의 포화 수증기압 곡선 ▮

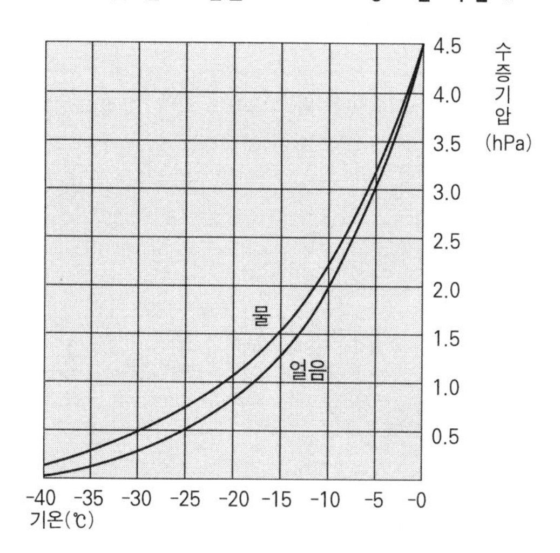

따라서 -15℃의 대기중에 빙정과 과냉각물방울이 섞여 있을 때 물의 표면에서는 증발이 일어나 작아지게 되고 증발한 수증기가 빙정을 중심으로 응결해 점점 성장하게 된다. -15℃보다 높거나 낮은 온도에서도 이런 과정이 일어나지만 포화 수증기압의 차이가 적으므로 왕성하게 일어나지는 않는다.

이렇게 성장한 빙정은 당시의 기온과 수증기압 조건에 따라 다양한 결정 모양을 하며, 점점 커짐에 따라 중력을 이기지 못하고 낙하하여 눈이 된다.

바람이 심하고 기온이 지표 부근까지 낮을 경우 눈은 서로 부딪쳐도 달라붙지 않아 작은 크기의 가루눈이 되고, 지표 부근의 기온이 어느 정도 높아지면 여러 개가 서로 달라붙어 큰 함박눈이 되어 내린다.

‖ 포화 수증기압의 차이에 의한 빙정의 성장 ‖

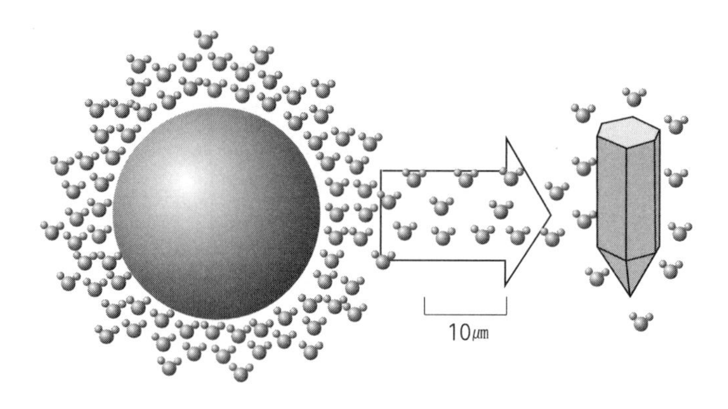

4. 눈의 결정 모양 분류

눈의 결정을 외형에 따라 분류한 것으로는 일본의 나카타이 우키치로의 분류가 가장 유명하다. 그의 분류에 의하면, 침상(針狀), 각주상(角柱狀), 판상(版狀), 각주와 판상의 조합, 측면 결정, 운립부착 결정(雲粒附着結晶), 무정형 결정(無定形結晶) 등으로 분류하고, 이를 다시 세분하여 40여 종으로 나타냈다.

예를 들어 침상 결정이며 단순한 바늘 구조이고 바늘의 다발이면 N1b로 나타내는 것이다.

‖ 눈 결정의 분류 ‖

N침상 결정	1. 단순한 바늘	a. 바늘 b. 바늘의 다발
	2. 바늘의 조합	
C 각주상 결정	1. 단순한 각주	a. 각뿔 b. 포탄형 c. 육각주(六角柱)
	2. 각주의 조합	a. 포탄형의 조합 b. 각주의 조합
P 판상 결정	1. 정규 육화형 (正規六花形)	a. 단순한 각판 b. 부채꼴 가지 c. 단순한 가지를 가진 각판 d. 폭넓은 가지 e. 단순한 별표형 f. 보통의 수지상(樹枝狀) g. 양치상(羊齒狀) h. 각판 부착 육화형 (角板附着六花形) i. 수지 부착 육화형 (樹枝附着六花形)
	2. 삼화 사화형 (三花四花形)	a. 삼화형 b. 사화형 c. 기타
	3. 십이화형(十二花形)	a. 양치상 b. 폭넓은 가지

P 판상 결정	4. 기형(畸形)	c. 여러 가지 형
	5. 입체형	a. 입체 육화형(立體六花形) b. 입체 복사형(立體輻射形)
CP 각주와 평판의 조합 결정	1. 장구형	a. 각판 부착 장구형 b. 수지 부착 장구형 c. 복잡한 장구형
	2. 평판 부착 포탄형	a. 각판 부착 포탄형 b. 수지 부착 포탄형
	3. 각주와 평판의 불규칙 집합	
S 측면결정		
R 운립 부착결정	1. 운립 부착	
	2. 후판(厚板)	
	3. 싸락눈 모양의 눈	a. 육화형 b. 괴형(塊形)
	4. 싸락눈	a. 육화형 b. 괴형 c. 원뿔형
I 무정형 결정	1. 빙편 2. 운립부착 3. 기타	

침상결정			각주상결정				
단순한 바늘		바늘의 조합	단순한 각주			각주의 조합	
N1a 	N1b 	N2 	C1a 	C1b 	C1c 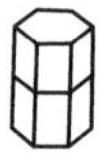	C2a 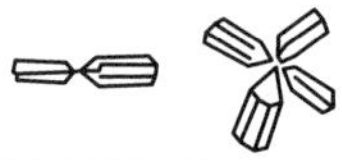	C2b 

판상결정								
정규 육화형								
P1a 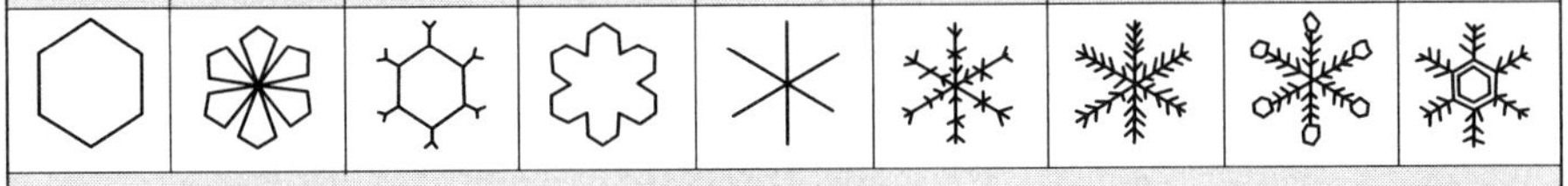	P1b	P1c	P1d	P1e	P1f	P1g	P1h	P1i
판상결정								
삼화 사화형			십이화형		기형		입체형	
P2a 	P2b	P2c	P3a	P3b	P4		P5a	P5b
각주 · 평판의 조합 결정						측면결정	무정형결정	
장구형			평판부착 포탄형		각주판			
CP1a 	CP1b	CP1c	CP2a	CP2b	CP3	S	I_1	I_2
운립부착결정								
운립부착		후판		싸락눈 모양의 눈		싸락눈		
R1 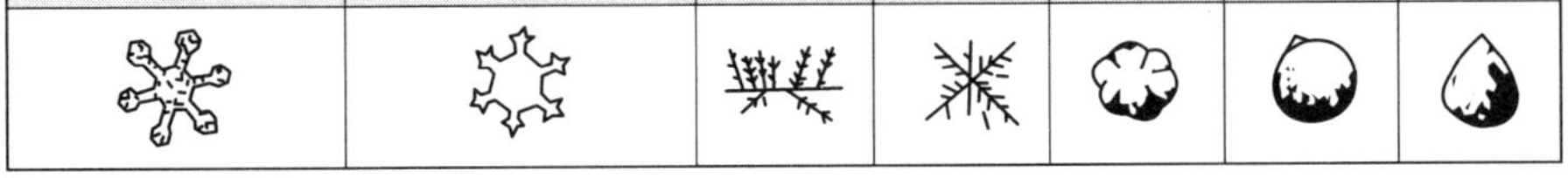		R2		R3a	R3b	R4a	R4b	R4c

5. 눈 결정을 관찰해 보자

겨울에 눈 결정을 관찰하기 위해서는 눈이 오는 날 눈을 받아서 돋보기로 관찰하는 것이 일반적이다. 그러나 이 방법으로 하면 관찰하는 동안 눈이 녹아서 결정의 모양이 변하기 때문에 어려움이 있다. 더구나 눈의 결정을 한번 보는 것으로 만족하지 못하는 사람은 사진 촬영을 시도하지만 눈은 녹는 성질이 있을 뿐 아니라 현미경이나 카메라의 렌즈에 김이 서려 촬영에 어려움을 겪게 된다.

눈의 결정을 촬영하는 데에는 눈 결정의 플라스틱 복사판을 떠서 관찰하는 방법이 있다. 이 방법은 눈 결정을 영구히 보존하는 효과도 있다. 눈 결정의 복사판을 뜨려면 폴리비닐포르말(포름바르) 가루를 염화에틸렌에 1~3% 농도로 용해시켜 이 용액을 -0.5℃ 정도로 냉각시켜 두고 눈이 올 때 깨끗한 슬라이드 글라스에 이 용액을 적셔 수평으로 해 눈을 받는다. 이때 슬라이드 글라스에 용액이 적당한 두께로 덮여지도록 하는데, 눈을 너무 많이 받아서 결정들이 서로 겹쳐지지 않도록 유의한다. 눈 결정을 받은 슬라이드 글라스를 수분 동안 0℃ 이하의 온도에 두면 염화에틸렌이 기화하고, 다소 시간이 더 지나면 눈 결정도 승화해 없어지므로 슬라이드에는 결정의 세세한 구조가 복사된 플라스틱 판이 떠진다.

이 슬라이드가 완전히 굳으면 배율이 낮은 현미경에서 반사광이나 투과광을 이용해 관찰하거나 촬영을 한다. 투과광을 이용하면 세세한 구조를 살피는 데 용이하며, 반사광을 이용하면 눈 결정의 전체적인 모습을 촬영하는 데 좋다. 반사광을 이용할 때 광원을 비스듬히 놓으면 입체적인 느낌을 살릴 수 있어 훌륭한 사진이 된다.

생각할문제

다음 그림은 여러 날에 걸쳐 비나 눈이 올 때 상대습도와 지표 근처의 기온을 측정하여 나타낸 것이다.

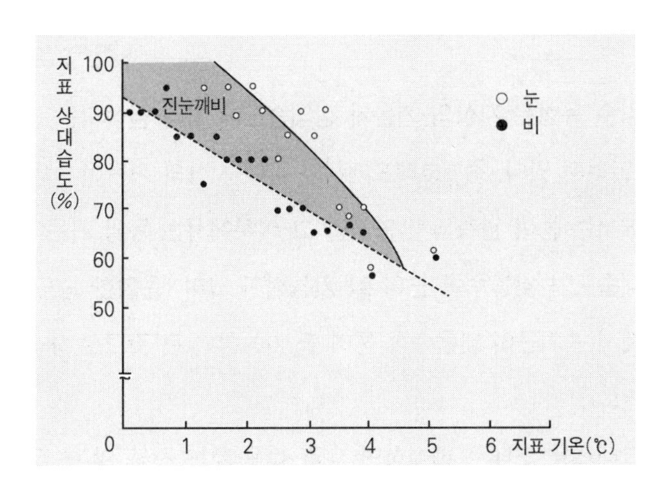

이 자료를 해석하여 얻은 결론으로 옳은 것을 〈보기〉에서 모두 고른다면?

보기

ㄱ. 지상의 강수 유형은 상대습도와 기온에 의해 결정된다.

ㄴ. 기온이 낮을수록 눈이 올 확률이 높다.

ㄷ. 동일 기온에서 상대습도가 낮을수록 눈이 올 확률이 높다.
ㄹ. 안개 낀 날은 진눈깨비가 온다.

① ㄱ, ㄴ ② ㄴ, ㄷ ③ ㄷ, ㄹ
④ ㄱ, ㄴ, ㄷ ⑤ ㄴ, ㄷ, ㄹ

④

강수 유형은 지상의 기온과 상대습도에 따라 결정되는 것으로 알려져 있다. 즉, 그래프에서와 같이 지상의 기온이 5℃ 이상에서는 눈이 관측되지 않지만 그 이하에서는 동일 기온에서 상대습도가 낮을수록 눈이 될 가능성이 크며, 동일한 습도 조건에서는 기온이 낮을수록 눈이 될 가능성이 큰 것으로 해석할 수 있다.

그래프를 그대로 해석하면 ㄴ과 ㄷ은 맞는 것을 알 수 있으며, ㄱ은 지상역전층이 형성되는 특별한 경우를 제외하고는 지상의 기온과 습도에 따라 강수 유형이 달라지는 것으로 알려져 있다. 한편 진눈깨비는 그래프의 실선과 점선 사이의 환경 조건에서 형성되는 것으로 안개와 관련이 없다.

T · H · E · M · E 12

일기 예보 적중률 80%

읽기 전에

1년을 주기로 하는 기후의 변화는 경험적으로 누구나 알고 있다. 그러나 내일 또는 오늘 오후의 날씨가 어떻게 될지 장담할 수 있는 사람은 그리 많지 않다.

일기의 변화는 인간의 활동에 직접적인 영향을 미치고 있기 때문에 많은 관심을 가져왔으며, 그 변화를 미리 알아 내려고 노력해 왔다. 이 장에서는 일기의 변화를 어떻게 미리 알 수 있는지 알아보자.

1. 코의 모양을 결정지은 기후

멜라네시아인
멜라네시아의 원주민. 몸이 강건하고 고수머리이며, 피부는 암갈색으로, 수렵용·어로용 또는 무기로서 특색 있는 화살을 가지고 있다.

인간의 몸은 기후에 순화하며 진화했을 것이다. 그 대표적인 예는 기후에 따라 코의 형태가 다르다는 것이다. 즉 차고 건조한 지대에 사는 북유럽이나 알프스인들은 코가 높고 뾰족하며, 더운 곳에 사는 니그로나 멜라네시아인들은 코가 낮고 넓적하다.

코의 임무는 들이마신 공기가 폐에 도달하기 전에 온도와 습도를 적당히 높여주는 일이다. 그래서 공기가 차고 건조한 기후에 사는 사람일수록 이 기능을 증대시키기 위해 콧구멍이 길쭉하며 코가 높고 날카롭게 돼 있다.

기후는 이와 같이 신체의 모양에 영향을 줄 뿐만 아니라 성격에도 영향을 미치는 것으로 생각된다. 햇빛이 강한 곳에 사는 남방인들은 일반적으로 밝고 명랑하며 야외에서 활동을 많이 해 활달하고 기민하다. 이에 비해 온난한 기후에서 사는 사람들은 풍부한 농산물 덕택으로 게으른 면이 있다. 또 북방인들은 어둡고 둔중한 감이 있으나 끈기를 가지고 있다.

기후라 함은 어느 지역의 일정 기간 동안 대기의 평균 상태를 말하는 것으로 인간과 밀접한 관련을 맺고 있다. 인간은 이러한 기후뿐 아니라 순간 순간의 대기 상태인 일기 또는 날씨에도 관심을 가지고 있다. 더구나 앞으로의 일기를 예측하는 일은 농사를 짓거나 인간이 활동을 하는 데 필수적이다.

일기 또는 날씨와 기후라는 용어는 구분해서 사용해야 한다. 어느 날의 날씨가 매우 맑은 경우 "오늘 참 기후가 맑다."라는 표현은 어딘지 어색하다. 아울러 "우리나라의 기후는 좋다."와 "우리나라의 날씨는 좋다."라는 것은 서로 차이가 있음을 알 수 있다.

흔히 기후는 어느 지역에서의 장기간에 걸친 대기의 평균 상태를 말하는 것이며, 일기 또는 날씨는 어느 순간의 대기의 상태를 나타낼 때 사용되고 있다.

현재는 일기 예보 기술이 발달해 오늘 몇 시에 비가 얼마나 내릴 것인지, 또는 비올 확률이 몇 퍼센트인지 예보할 수 있다. 그러나 기상 관측 기기가 발달하지 않았던 과거에는 일기를 어떻게 예보할 수 있었을까?

깜짝과학상식

겨울에 아이슬란드가 뉴욕보다 더 따뜻한 이유는?

그 원인은 멕시코 만류다. 이 거대한 해류는 멕시코 만에서 나와 북유럽으로 흘러들어간다. 이것은 북유럽에 온화한 기후를 제공하고, 바다와 공기를 따뜻하게 한다. 30도의 높은 온도로 출발한 멕시코 만류는 겨울에 아이슬란드 앞을 지날 때는 10도를 유지하며, 북스칸디나비아 앞에 도착하면 5도가 된다. 반대로 뉴욕은 래브라도 한류의 영향권에 놓여 있다. 래브라도 한류의 온도는 멕시코 만류보다 12도 낮다.

2. 일기에 얽힌 속담

농경 생활을 하는 우리 민족에게 일기 예보는 필수적인 것이었음을 짐작할 수 있는데, 구전돼 오는 여러 가지 날씨 속담을 통해 조상들의 슬기를 엿볼 수 있다. 그 예를 찾아보자.

권층운
상층운(上層雲)의 한 가지. 푸른 하늘에 흰 새털이나 엷게 늘인 솜털같이 하늘 전면에 퍼져 있는 구름. 지상 5~13km 높이에서 형성되는데 얼음의 결정으로 이루어진다고 생각되고 있다. 흔히 햇무리나 달무리를 이룬다. 털층구름. 햇무리구름.

햇무리, 달무리가 나타나면 비가 온다

해와 달의 주변에 권층운(卷層雲)이 덮고 있을 때 이를 무리라 한다. 권층운은 보통 온난전선의 전면에 나타난다. 온난전선이 진행하면서 점차 고층운, 중층운, 하층운으로 운형이 변하고 이어서 비가 오게 되므로 고층운인 권층운이 나타나면 얼마 지나지 않아 비가 온다는 것을 예측할 수 있다. 햇무리나 달무리가 진 후 비가 올 확률은 60% 이상이라고 한다.

아침에 무지개가 나타나면 비가 오고, 저녁에 무지개가 나타나면 맑다

무지개는 물방울에 햇빛이 굴절돼 나타나는 것으로 태양의 반대쪽에 나타난다. 따라서 아침 무지개는 서쪽 하늘에 나타나며 저녁 무지개는 동쪽 하늘에 나타난다. 결국 아침에 무지개가 뜨면 서쪽 하늘에 수증기가 많거나 비가 오고 있다는 뜻이다. 우리나라는 편서풍 지대, 즉 대체적인 공기의 흐름이 서에서 동으로 이동하므로 서쪽 하늘에 무지개가 뜨면 이어서 비가 올 확률이 높다.

종소리가 똑똑하게 들리면 비가 온다

날씨가 좋은 날은 지면에 많은 일사가 있기 때문에 지면 부근이 더워져서 상층과 지면 부근의 기온 차이가 심하게 된다. 반면에 일기가 악화되기 시작하면 일사량이 적어져 지면 부근의 기온이 높지 않아 지면과 상층의 기온 차이가 적게 된다.

한편 소리는 기온이 높을수록 속도가 빨라지며 파동은 속도가 늦은 쪽으로 휘게 되므로 일기가 악화되면 소리는 지면 쪽으로 굴절된다. 이것은 한낮에 비해 하층 대기의 밀도가 높은 새벽녘에 종소리가 잘 들리는 것과 같은 원리다.

‖ 소리의 굴절 ‖

맑은날 흐린날

날씨가 맑은 날은 소리가 위로 휘어지기 때문에 먼 곳의 소리가 잘 들리지 않으며, 흐린 날은 소리가 지면 쪽으로 휘어지기 때문에 먼 곳의 소리가 잘 들리게 된다.

바다가 울면 일기 급변의 징조다

바다에서 '우우' 하는 소리가 들려오면 태풍이나 강한 폭풍우가 밀려올 징조라고 한다. 이것은 바다 위에 열대 저기압이나 태풍이 나타나면 중심 부근에서 발생한 긴 파장의 소리가 전파돼 오기 때문이다.

> **깜짝과학상식**
>
> **▮ 비는 무엇으로 이루어졌을까?**
>
> 구름이 더 이상 습기를 포함할 수 없는 상태, 즉 포화 상태가 되면 구름 내부에 있는 작은 물방울들은 아래로 떨어지기 시작한다.
>
> 구름 사이로 떨어지는 물방울들은 다른 물방울과 부딪치면서 뭉쳐지게 된다. 작은 물방울이 큰 물방울이 되면, 이들은 새로운 물방울과 함께 결국 땅으로 떨어지게 된다.

연기가 똑바로 오르면 맑고, 옆으로 퍼지면 비가 올 징조다

연기가 똑바로 오르면 바람이 없음을 뜻하고 옆으로 퍼지면 지상으로부터 좀 높은 곳에 바람이 있음을 뜻한다. 연기가 북서쪽으로 흐르면 상공에 남동풍이 불고 있음을 뜻하며 이때 대개 날씨가 악화되기 쉽다. 그 이유는 버이스 발로트의 법칙으로 설명할 수 있다.

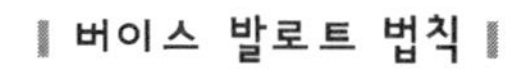

▮ 버이스 발로트 법칙 ▮

바람이 부는 방향에 앞가슴을 향하고 서 있을 때 양쪽 팔을 벌리면 왼손 앞에는 저기압이 있고 오른손 뒤쪽에는 고기압이 있음을 알 수 있는데, 이것이 버이스 발로트의 법칙이다.

따라서 남동풍이 불고 있다는 것은 서쪽에 저기압이 있다는 뜻이다. 편서풍대에 위치한 우리나라에서 서쪽에 위치한 저기압이 점차 우리나라로 접근해 오는 것은 앞으로 날씨가 흐려진다는 것을 말한다.

청개구리가 울면 비가 온다

이 이유에 대해서는 명확하지 않다. 그러나 통계적으로 청개구리의 울음소리를 들은 지 30시간 안에 비가 올 확률은 60% 이상이라고 한다. 비가 오기 전에는 기압이 낮아지고 습도가 높아지는데, 청개구리는 이와 같은 이유로 호흡에 지장을 받기 때문에 운다고 한다.

물고기가 물 위에 입을 내놓고 호흡하면 비가 온다

온난전선이 통과하면 기압이 낮아지고 기온이 높아진다. 이에 따라 물 속에 산소의 양이 적어져서 물고기가 물 위에 나와 호흡하는 것으로 생각된다.

개미가 열을 지으면 비가 온다

개미들이 비가 올 것을 미리 알고 안전 지대인 잔디밭 밑이나 나무 그늘로 피난한다고 생각된다.

새벽 안개가 짙으면 맑다

바람 없이 고요하고 맑은 날 밤과 이른 아침에 걸쳐 안개가 발생하기 쉽다. 안개는 주야의 기온차로 야간에 지면이 매우 냉각되기 때문에 지면 근처의 공기가 복사로 냉각, 수증기가 응결하면서 생긴 것이다. 이와 같은 안개는 해가 뜨면 지면이 가열되면서 걷힌다. 흐린 날은 주야의 기온차가 그리 크지 않아서 안개가 생기기 어렵다.

토리첼리
(Evangelist Torricelli, 1608~1647)
이탈리아의 물리학자·수학자. 망원경을 개량했으며, 1643년 제자인 비비아니와 함께 '토리첼리의 진공'을 발견하였다.

비비아니
(Vincenzo Viviani, 1622~1703)
이탈리아의 물리학자. 갈릴레이에게 배웠으나, 그가 죽자 토리첼리의 제자가 되었다. 토리첼리와 함께 1643년 '토리첼리의 진공'을 발견하였다. 또 교회가 추궁하던, 갈릴레이의 유고(遺稿)를 숨겼다가 후세에 전했다.

3. 일기 예보

관측 기계를 이용해 일기를 예상하려고 시도한 것은 1643년 갈릴레이의 제자 토리첼리와 그의 제자인 비비아니에 의해서였다. 그들은 수은주의 높이가 날씨에 따라 다르며, 이를 이용하면 날씨를 예상할 수 있다는 것을 발견했다. 이것은 날씨에 따라 기압이 다르다는 것을 이용한 초보적인 수준의 일기 예보였다.

그 후 1848년 런던의 데일리 뉴스지는 처음으로 기상

전보를 모아 일기도를 만들었고, 1855년 프랑스에서는 일기도를 작성해 폭풍경보를 발표하는 사업을 개시했다.

일기 예보는 현재의 대기 상태를 토대로 하여 앞으로의 일기를 예상하는 것이므로 현재 대기 상태의 정확한 파악이 우선 중요하다. 지상의 각 관측소에서 관측한 기상 요소와 기상 위성이나 기상 레이더를 이용해 관측한 상공의 기상 요소를 취합·정리한 다음 일기도를 작성하고 이를 분석해 일기 예보를 하고 있다.

일기 예보는 24~28시간 정도의 일기를 예보하는 단기예보와 일주일 동안의 주간 예보, 1개월 간의 월간 예보 등이 있다. 공간적으로는 1개 도시 또는 도 정도의 국지 예보로부터 우리나라 전체의 광범위한 지역에 걸쳐 전반적인 예보를 하는 경우도 있다.

일기 예보의 과정

레이더 관측 · 지상 관측

관측 자료 정리

예상 일기도 작성

일기 예보의 검토

일기 예보의 발표

4. 일기도를 읽어 보자

> **라디오존데**
> 전파를 이용하여 대기 상층의 기온 · 습도 · 기압의 기상 요소를 측정하는 기계이다. 기구 · 로켓 따위에 소형 무선 통신기를 장치하고 통과하는 고층 대기의 상태에 따라 변화하는 전파 신호를 수신함으로써 측정한다. 상층 대기의 우주선 · 자외선 · 오존 농도 · 우주선의 강도 · 전기장의 세기 · 방사능 상태 · 구름의 높이 및 농도 등을 측정하는 것도 있다.

대기의 상태를 나타내는 기압 · 기온 · 바람 · 습도 · 구름 · 강수 등을 기상 요소라 한다. 기상 요소는 지상의 각 관측소에서 매일 정해진 시각에 일제히 관측하고 라디오존데 등을 사용해 고공 관측을 행하기도 한다.

관측소가 없는 해상의 기상 자료를 얻기 위해서는 기상학상 중요한 해상의 지점에 기상관측선을 배치해 해상과 상층의 기상 관측을 하고 있으며 항공기에 의한 관측도 병행하고 있다. 더구나 편서풍대에 위치한 우리나라에서는 황해에서의 기상 관측이 일기 예보에 필수적이어서 해상 관측이 중요하게 취급되고 있다.

▌일기도▐

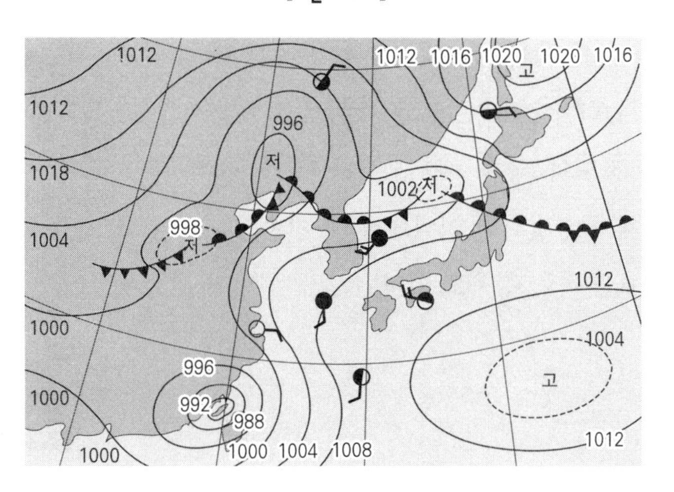

이와 같은 자료는 기상청에서 등압선 · 등고선 · 고기압 · 저기압 전선 등을 그려 대기의 구조를 체계적으로 풀어내고 예보하는 데 이용된다. 일기 예보는 기상을 관측해 일기도를 그리고 분석한 다음 발표하고 있다.

일기도에 나타난 실선은 등압선을 나타낸 것이며, 등압선에 표시된 숫자는 기압을 나타낸다. 기압의 단위로는 수은 기둥의 높이인 mmHg를 사용하기도 하나, 일기도에서는 관용적으로 hPa를 사용한다. hPa와 mmHg의 관계는 다음과 같다.

$$1\text{hPa} = 10^3\text{dyne/cm}^2 = 0.75\text{mmHg}$$

여기서 1dyne은 1g의 물체에 작용해 1cm/s^2의 가속도를 낼 수 있는 힘이다.

세계기상기구에서는 1984년 7월 1일부터 기압의 단위를 종래에 사용되던 mb에서 파스칼(Pa)로 바꿀 것을 결정했다. 1mb는 1hPa와 같다.

한편 동그란 원으로 표시된 지점이 관측소이다. 관측소에서 관측한 날씨 · 운량 · 풍향 · 풍속 등은 여러 가지 기호로 나타낸다. 대략적인 일기도에서는 관측소의 표시인 원 안에 그 날의 날씨와 풍향 · 풍속 정도를 표시하지만 전문적인 일기도에서는 좀더 복잡한 기호가 쓰인다.

깜짝과학상식

구름은 어떻게 만들어질까?

수면이 열려 있는 수역(바다와 호수뿐만 아니라, 정원 연못과 웅덩이까지)에서는 항상 물이 증발한다. 물은 액체 상태에서 안개나 수증기 같은 기체 상태로 변하게 되는데, 물이 따뜻할수록 더 빨리 증발되며, 수면이 클수록 더 많은 물이 수증기의 형태로 상승하게 된다. 이것은 처음에는 눈에 보이지 않는다. 그렇지만 수증기가 아주 높은 곳에 다다라 차가워져서 액화하기 시작하면, 눈에 보이게 된다. 물을 증발시켜 하늘 높이 올려 보내고, 구름으로 만드는 것은 태양 에너지다. 구름은 바람에 따라 이동하며 우리가 살아가는 데 필수적인 물을 지구 곳곳으로 보낸다.

‖ 일기도에 사용되는 기호 ‖

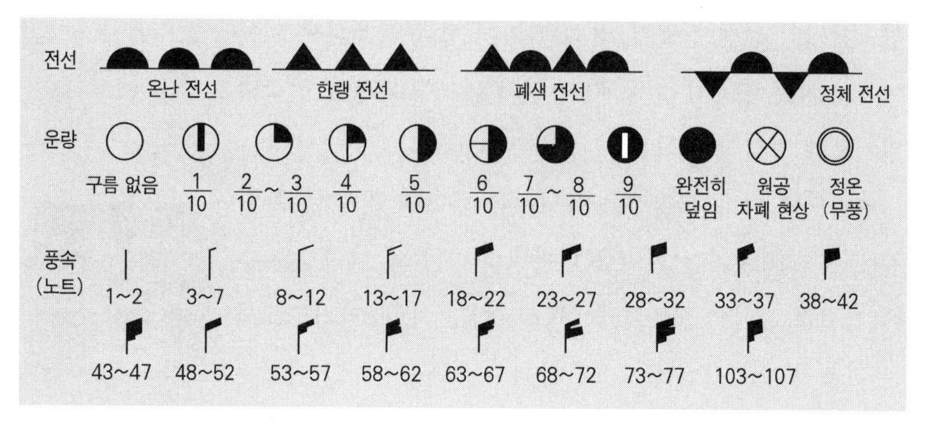

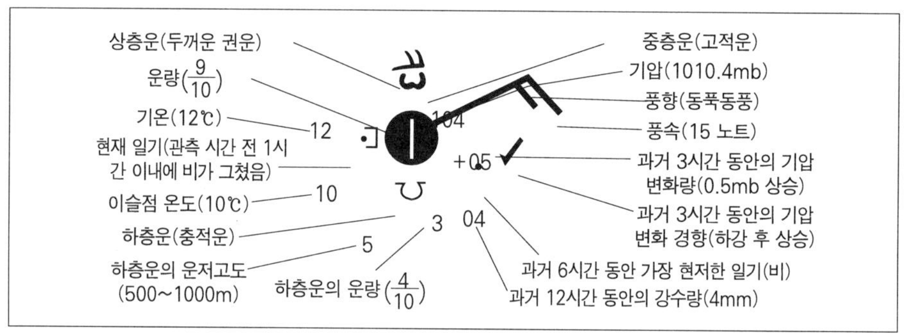

일기도의 고기압 중심에 위치한 지역은 바람이 불어 나가며 하강 기류가 생겨 날씨가 맑다. 저기압 중심에 위치한 지역에서는 바람이 불어 들어오며 상승 기류가 생겨 날씨가 흐리다. 한편 온난전선의 전면과 한랭전선의 후면에서는 구름이 많고 비가 올 확률이 높다.

일기도에 표시된 등압선을 보면 어느 지점에서의 풍향이나 풍속에 대한 정보를 얻을 수 있다. 바람은 고기압에서 저기압으로 등압선에 직각인 방향으로 작용하는 기압 경도력에 의해서 생기는 것인데, 기압 경도력의 크기는 두 지점간의 기압차에 비례하고 두 지점간의 거리에 반비례한다. 한편 지표면 부근에서 등압선이 평행할 때 바람은 마찰력 · 전향력 · 기압 경도력 등이 평형을 유지하는 상태에서 분다.

기압 경도력
대기중에서의 기압차에 의한 힘. 보통 수평 성분의 힘만을 가리킨다.

이때 북반구에서 바람은 고기압에서 저기압 쪽으로 등압선에 대해 오른쪽으로 기울어진 채로 불게 되는데, 지표면의 영향이 클수록 그 각은 커서 육상에서는 20~35°, 해상에서는 15~20°가 된다.

지상에서의 바람

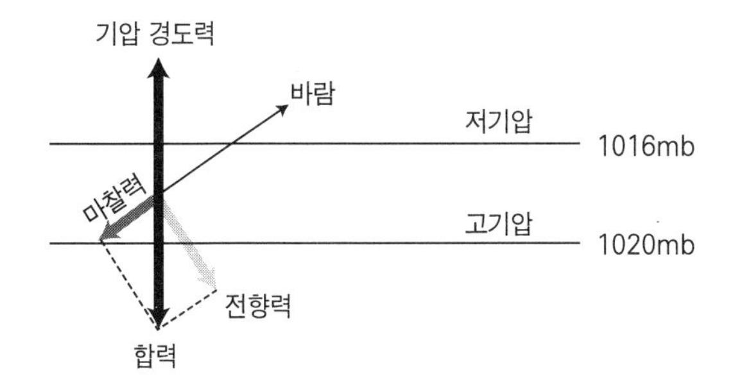

일기 예보를 하기 시작한 지 150여 년이 지난 현재에도 우리는 아직 정확한 일기 예보를 하고 있지 못하다. 기상위성을 통한 관측으로 대기의 상태를 수평적으로뿐만 아니라 수직적인 구조도 밝혀내고 있지만 일기 예보의 적중

률은 아직 80% 정도에 머물고 있다. 이것은 대기 순환이 전지구적으로 일어나는 것이어서 어떤 순간의 전지구적인 대기 순환의 모습을 밝히는 것이 어렵기 때문이다.

생각할 문제

그림 (가)와 (나)는 북반구에서 바람이 불 때 힘의 평형을 나타낸 것이다.

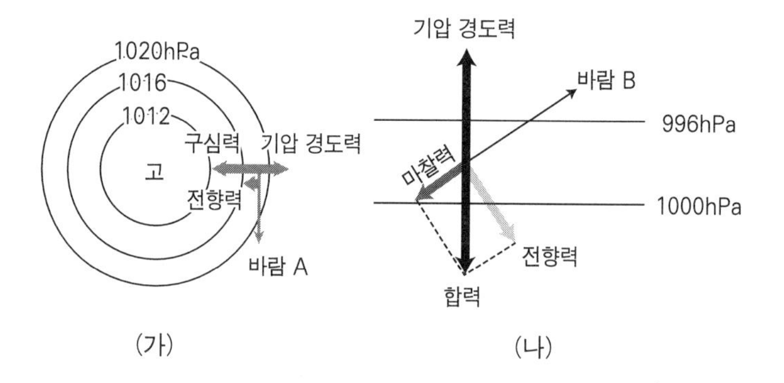

다음 〈보기〉에서 그림에 대한 설명으로 옳은 것을 모두 고르면?

보기

ㄱ. (가)는 마찰력이 작용하지 않는 고층에서 부는 바람이다.

ㄴ. (나)는 대기의 연직 방향 운동을 나타낸 것이다.

ㄷ. (가)에서는 바람은 등압선을 따라 원형으로 분다.

ㄹ. (나)에서는 마찰력이 커질수록 풍향은 등압선과 나란해진다.

① ㄱ, ㄷ ② ㄴ, ㄹ ③ ㄷ, ㄹ
④ ㄱ, ㄴ, ㄷ ⑤ ㄴ, ㄷ, ㄹ

①

| 해 설 | (가)는 경도풍을 나타낸 것으로 지상 1km 이상의 상공에서 등압선이 원형일 때 기압 경도력, 전향력, 원심력이 평형을 이루어 등압선을 따라 원형으로 부는 바람이며, (나)는 지상에서 등압선이 직선일 때 기압 경도력, 전향력, 마찰력이 평형을 이루어 등압선에 대하여 10~45° 각에 등속으로 부는 바람으로 지상풍이다.

대기의 연직운동을 설명하기 위하여 중력이 작용해야 하는데, 그림에서는 중력이 표시되어 있지 않으므로 수평 방향의 운동을 말하는 것이다. 한편 경도풍에서는 기압 경도력이 같을 때, 풍속의 크기는 고기압 주위에서 저기압 주위보다 크며, 지상풍에서는 마찰력이 커질수록 등압선과 이루는 각이 커지게 된다.

T·H·E·M·E 13

뇌운과 번개

읽기 전에

활발한 뇌운(雷雲)은 10초에 한 번 꼴로 방전을 반복하는데, 그 발전 능력은 중규모의 발전소에 해당된다. 그러나 이 뇌운의 에너지는 빛 · 전파 · 소리로서 허공에 흩어지게 되므로 에너지 자원으로서의 이용 가치는 거의 없다. 이 장에서는 뇌운이 어떻게 형성되며 번개나 벼락은 어떤 과정으로 일어나는지 알아보자.

고대 그리스의 신들 중에서 최고의 신 제우스는 일기 현상을 관장하는 신이다. 그때 사람들은 으르렁거리는 천둥이나 번쩍이는 번개는 신이 노한 것으로 여겼던 모양이다. 요즈음도 뇌우가 있을 때는 하늘이 어두워지고 천둥, 번개, 세찬 비, 일진 광풍 등이 동반되기 때문에 두려움은 마찬가지인 듯하다.

뇌우(雷雨)
천둥소리가 나며 내리는 비.

뇌운에 대해 알아보기 전에 우선 일반적인 구름의 형성 과정을 살펴보자. 여름의 푸른 하늘에 뭉실뭉실한 뭉게구름(적운)은 우리들 마음을 탁 트이게 하고 포근하게 하지만 그 형성 과정은 복잡하다.

공기중에는 그 양의 많고 적음에는 차이가 있으나 항상 수증기가 포함돼 있다. 그런데 공기중에 포함할 수 있는 최대 수증기의 양은 한정돼 있다.

포화 수증기압

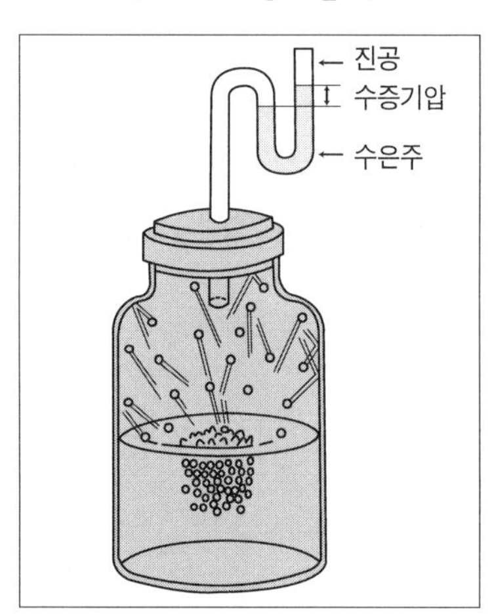

밀폐된 상자에 물을 담고 공기를 빼어 진공으로 한 다음 일정한 온도를 유지하면 물에서 튀어나오는 수증기 분자와 공기중에서 물로 들어가는 수증기 분자간의 평형이 이루어지게 되는데, 이때의 공기를 수증기로

포화됐다고 한다. 그런데 포화 수증기량은 온도에 따라 변화한다.

아래 그래프에서 A와 같은 상태의 공기가 냉각될 때, 외부로부터의 수증기의 유입이 없다 해도 온도가 낮아짐에 따라 포화 수증기량이 적어지고 상대습도는 높아지게 된다. 결국에는 온도가 B에 이르면 상대습도가 100%가 되고 더욱 냉각되면 100% 이상이 돼 여분의 수증기는 더 이상 기체로 존재하지 못하고 작은 물방울이 되어 물체에 달라붙거나 공기중에 뜨게 된다. 이를 '응결'이라고 한다.

‖ 온도에 따른 포화 수증기량 ‖

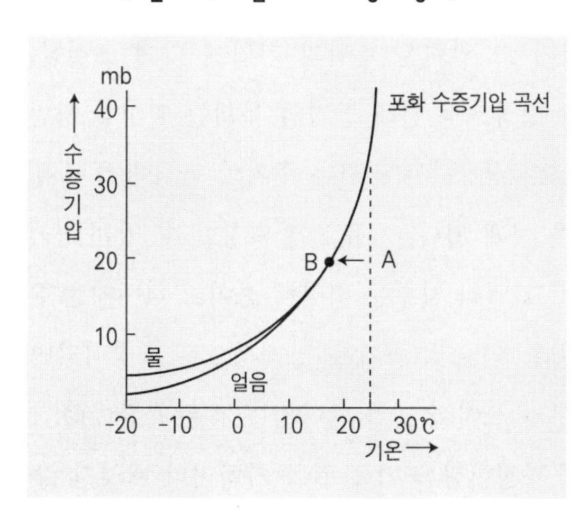

이와 같은 응결 현상은 주변에서 흔히 관찰할 수 있다. 여름철에 냉장고에서 꺼낸 음료수 병이 시간이 지나면 겉

면에 물방울이 맺히는 것이나, 추운 겨울에 따뜻한 실내로 들어가면 안경에 김이 서려 앞이 보이지 않는 것 등은 이와 같은 원리이다.

1. 구름의 형성은 단열 냉각으로

구름의 형성 과정도 결국은 상층에서 수증기의 응결현상이다. 그러면 공기를 냉각시키는 과정은 무엇인가?

부피를 일정하게 유지시키고 열을 가하면 기체의 압력이 증가한다. 이때 용기의 벽을 제거하면 가열된 공기는 팽창하며 그 압력은 주위의 기압에 맞게 조절될 것이다. 따라서 팽창으로 인해 공기의 부피는 일정한 양만큼 증가할 것이며 팽창하는 공기는 주위의 공기에 대해 일정한 양의 일을 하게 된다. 자유로이 팽창할 수 있는 공기에 열을 가하면 그 열의 일부는 팽창에 쓰이고 나머지는 온도를 증가시킨다. 역으로 공기를 강제적으로 팽창시키면 에너지의 일부가 쓰여 온도가 낮아지는 것은 물론이다.

단열 과정이란 공기에 열을 가하거나 빼앗지 않을 때 일어나는 과정을 말하는데, 지표면 근처의 공기는 지면과 열교환이 잘 일어나므로 비(非)단열 과정이 보통이다. 자유로이 상승하는 공기를 가정하면 고도가 높아짐에 따라 기압이 감소하므로 팽창하게 된다.

앞에서 말한 바와 같은 원리로 공기가 갖는 에너지의 일부가 공기의 부피 팽창에 쓰이므로 기온이 낮아지게 되는데, 이를 단열 냉각이라고 한다. 이와 같은 과정으로 공기가 냉각되며 구름이 형성된다. 이때 상승기류가 강하면 아래위로 발달한 구름이 형성되는데, 이를 적운(cumulus)이라고 하며, 번개와 함께 심한 소나기를 동반한 구름을 뇌운이라고 한다.

적운(積雲)
수직운(垂直雲)의 한 가지. 밑은 평평하고 꼭대기는 둥글어 솜을 쌓아 놓은 것처럼 뭉실뭉실한 구름. 주로 무더운 여름에 상승기류로 말미암아 높이 1,000~1,500m 사이에 생긴다.

2. 뾰족뾰족한 구름?

뭉게뭉게 퍼지는 적운은 열을 상층대기로 운반한다. 즉, 단열 냉각에 의해 응결이 일어나고 수증기가 응결할 때 잠열을 방출하는 과정을 통해 열을 대기의 위쪽으로 운반하는 것이 적운의 역할이다.

구름의 모양은 한결같이 (가)와 같이 뭉실뭉실하다. 그러면 (나)와 같은 뾰족한 모양의 구름은 왜 없을까? 이것은 물리적으로 중요한 의미를 가지고 있다. 즉, 구름의 모양이 뭉실뭉실한 것은 구름 바깥의

▌구름의 모양▐

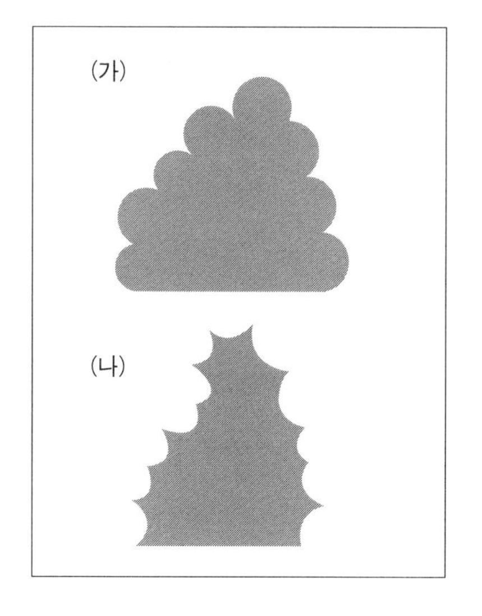

공기가 구름의 내부로 빨려 들어가며 구름이 점차 커지게 되기 때문이다. 구름 내부의 흐름은 불규칙해서 소용돌이가 많이 생기고, 이 소용돌이는 바깥의 공기를 구름 내부로 빨아들인다. 만약 (나)와 같이 뾰족한 모양의 구름이 있다면 구름은 점차 작아져 소멸될 것이다. 그러나 구름은 확산돼 없어지는 것이지 작아져 소멸되는 것이 아니다.

커가는 적란운은 거대한 발전기와 같다. 뇌운은 몇 개의 세포로 구성돼 있는데, 이들 세포 내에서는 강한 상승기류와 하강기류가 생기게 되며, 하강기류는 지면을 따라 이동해 돌풍을 일으킨다. 수증기의 응결로 생긴 얼음의 결정들은 뇌운 속의 난류에 의해 서로 충돌하고 마찰하며 전하가 분리된다.

다음 그림의 (가)와 같이 우박에 얼음결정이 충돌하면 온도가 다소 낮은 얼음결정은 +전기를, 우박은 -전기를 갖는다. (나)와 같이 과냉각물방울이 우박에 충돌하는 경우에는 얼어붙은 얼음조각은 +전기를, 우박은 -전기를 갖는다. (다)와 같이 큰 물방울과 작은 물방울이 충돌하는 경우에는 대기전기장에서 큰 물방울은 위에서는 -전기, 아래서는 +전기가 유도되는데, 이러한 상태의 물방울에 작은 물방울이 충돌하면 결국 큰 물방울은 +전기를, 작은 물방울은 -전기를 띠게 된다.

‖ 전하의 분리 ‖

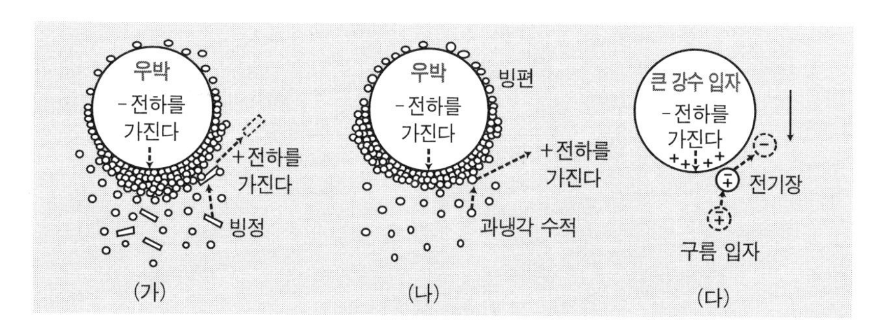

이렇게 전하를 분리시키는 발전 작용의 원동력은 중력과 구름알갱이에 작용하는 상승기류이다. 뇌운이 강한 상승기류로 만들어짐은 앞에서 말한 바와 같다. 구름알갱이로서 대기중에 떠 있는 가늘고 과냉각된 물방울이나 얼음의 결정은 양전하를 띠고 중력에 의해 떨어지는 큰 우박은 음전하를 띠게 된다.

‖ 뇌운에 의해 형성된 지구 규모의 전기회로 ‖

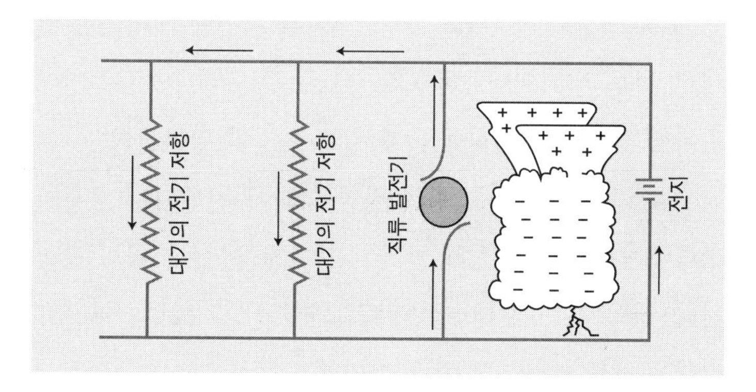

이로써 뇌운의 상부에 양전하, 하부에 음전하가 축적되고, 마침내 대기의 절연이 깨지면 격심한 불꽃이 구름과 구름, 또는 구름과 지표 사이로 이동하게 되는데, 이것이 번개와 벼락이다.

3. 공기가 전기를 통한다

해리(解離)
① 풀어서 떨어져 나감. 또, 풀어서 떨어지게 함. ②화합물이 가열·용해 등의 작용에 의하여 그 성분대로 가역적(可逆的) 분해를 행하는 현상. 열에 의한 것을 열해리, 전기에 의한 것을 전리(電離)라 함.

공기는 보통 절연체로서 전류가 통하지 않는다. 그러나 대기에 가해지는 전압이 1m당 50만V 이상이 되면 공기 분자가 해리돼 전자와 이온이 된다. 전기는 전자의 흐름이므로 이 순간에 전기가 흘러(전자가 이동) 방전로가 빛을 내게 된다. 그 방전로의 길이는 평균 5km가 되며 긴 것은 15km에서 20km에 이르는 것도 적지 않다.

이러한 방전을 불꽃방전이라고 하는데, 자연이 일으키는 불꽃방전을 번개라고 한다. 그리고 지면에 떨어지는 번개가 바로 벼락이다. 번개의 형태는 처음에 공기의 절연파괴가 진행되는 방향에 따라서 그 특징이 달라진다.

구름 안에서 지표를 향해 절연 파괴가 진행되는 보통의 벼락에서는 아래를 향해 가지가 갈라진다. 높은 탑의 꼭대기나 산꼭대기로부터 절연이 파괴되기 시작하고 구름을 향해 진행될 때에는 같은 벼락이라도 번개는 위를 향해 가지가 갈라진다.

지구 전체로는 항상 수백 개 정도의 번개가 발생해 직류 발전기의 역할을 하기 때문에 대기는 상공으로 올라갈수록 전위가 높다. 맑은 하늘에서도 항상 약한 전류가 상공에서 땅으로 흘러들어가는 것은 번개에 의해 발생된 양전기를 땅에 되돌려 보내고 있는 것이다.

깜짝과학상식

감전이란?

인체에 전류가 흐르는 현상. 인체는 5mA 이상의 전류가 흐르면 고통을 느끼게 되고, 70mA 이상의 전류가 흐르면 심장에 영향을 주며, 이 이상의 전류가 흐르면 인체의 내부는 치명적인 화상을 입는다. 인체의 저항은 보통 마른 상태에서 100,000Ω 정도이나 소금물에 젖은 상태에서는 저항이 1,000Ω까지 줄어든다. 이 때에는 10V 건전지에 감전돼도 통증을 느낀다.

4. 뇌운의 구조와 방전량

우리나라에서 뇌운이 가장 많이 발생하는 곳은 중강진과 신의주로 연간 20일 정도 된다. 남동부로 갈수록 적어져 동해안의 남부지방이 5일 정도, 내륙에서는 대구 지방이 가장 많아서 15일 정도 된다. 그 시기는 주로 여름철에 집중된다. 뇌운의 범위는 보통 지름 30km의 긴 원형이며 높이는 10~13km로 대류권 계면까지이고, 비가 내리는 구역은 직경이 10km 이하의 좁은 구역으로 그 구조는 다음과 같다.

벼락은 보통 세찬 비와 함께 내리지 않고 오히려 비가 내리기 전에 많다는 보고가 있으며 마른번개도 많이 관측된다. 고립된 뇌운은 수직 방향의 발달이 미흡해 한두 번 가량의 구름 방전으로 활동이 끝난다. 그러나 많은 뇌운이

‖ 뇌운의 구조 ‖

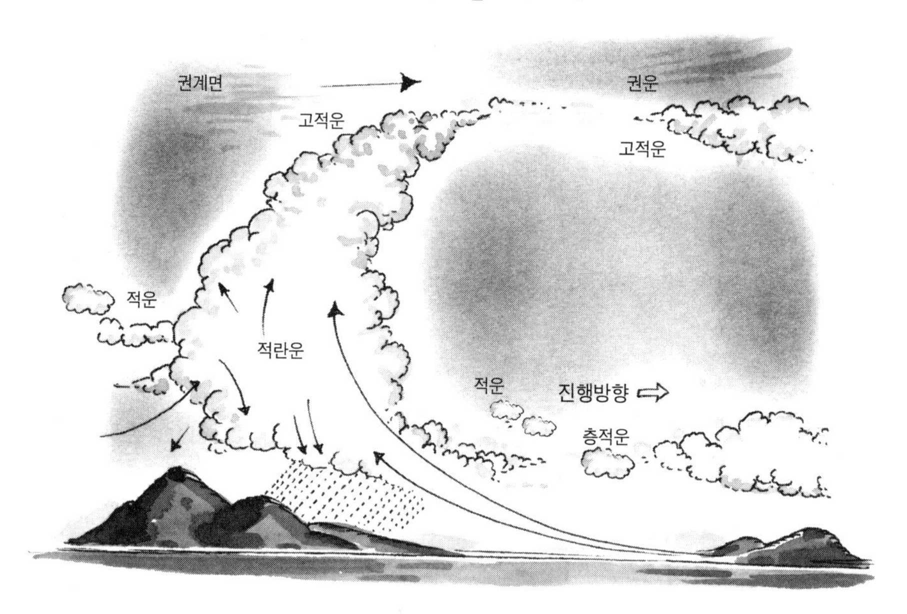

차례로 발달할 때에는 수직 방향으로 크게 발달해 심한 뇌우가 내리면서 5~10초 간격으로 방전이 지속된다. 벼락은 이처럼 활동이 심한 뇌우일 때에 한해 일어나는데, 3~4회의 방전에서 1회 가량의 비율로 벼락이 된다.

구름 방전과 벼락의 방전 규모는 같다. 방전 직전의 음과 양전하 사이의 전위치는 10억V, 1회 방전량은 수만~수십만A로 추정된다. 이때 소비되는 전기에너지는 한 가정에서 1백W짜리 전구를 3개 정도 쓰고 있다면 1만8천 가구가 1시간 동안 사용하는 전기량과 맞먹는다.

활발한 뇌운은 10초에 한 번 꼴로 방전을 반복하므로

그 발전 능력은 중규모의 발전소에 해당된다. 그러나 이 뇌운의 에너지는 빛 · 전파 · 소리로서 허공에 흩어지게 되므로 에너지 자원으로의 이용 가치는 거의 없다.

5. 번쩍번쩍하는 번개

번개가 번쩍번쩍하는 것은 몇 개의 뇌격들이 조합되어 있기 때문이다. 뇌격은 전구(前驅)와 귀환(歸還)이라는 두 방전의 조합으로 구성돼 있다. 뇌격은 구름 안에서 시작되고 처음에 짧은 번개가 내려오다가 도중에 그치고 다시 점점 긴 것이 생기기를 반복하며 비교적 느린 속도로 지표에 도달한다. 이것이 지표에 도달하면 매우 밝은 방전이 같은 길을 10배 이상의 속도로 상승한다. 전자를 전구 방전, 후자를 귀환 방전이라고 한다.

구름의 전하가 대지로 흘러가는 것은 귀환 방전이다. 뇌격과 뇌격 사이에는 1백분의 수초의 시간 간격이 있는데, 이 사이 구름 안에서는 여러 번의 소규모 방전이 반복된다. 구름 안의 잔류 음전하를 앞뇌격의 주방전로에 보급하여 다음 뇌격을 발생시킨다. 이와 같은 과정을 반복해 구름 안의 음전하를 다 쓰게 되면 뇌격은 끝이 난다.

깜짝과학상식

천둥이 칠 때 자동차 안에 있으면 안전한 이유는?

자동차에는 고무타이어가 있으며, 고무타이어는 절연되어 있다. 그러나 순수하게 '전기적'으로만 보자면, 자동차는 음전기를 띠는 땅과 전혀 연결되어 있지 않다. 그러므로 번개가 자동차 안으로 들이칠 이유가 없다.

번개가 자동차에 떨어지더라도 안에 있는 사람들에게는 별다른 일이 일어나지 않는다. 강철 차체가 위험한 방전으로부터 보호되어 있기 때문이다.

▌뇌격의 분류▐

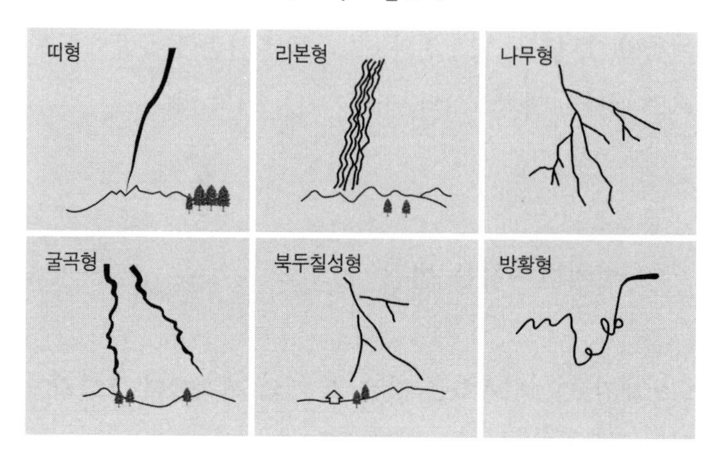

뇌격은 방전로의 모양에 따라 위와 같이 여러 가지로 분류한다.

큰 화재의 연기나 화산의 분연중에는 가는 입자들이 상승기류를 타고 올라가게 되는데, 그 중에서 굵은 입자들은 낙하한다. 이 두 가지의 상대운동으로 전하가 분리된다. 이 같은 발전 작용이 강해지면 공기의 절연이 파괴돼 불꽃방전이 일어나기도 한다. 이를 화재번개, 화산번개라 한다. 화재번개나 화산번개는 보통 번개에 비해 잘 나타나지 않으나, 연기가 많이 솟는 화재나 분연이 많은 화산 폭발이 일어날 때에 드물게 관측된다.

번개는 대기에서 실시한 수폭 실험에서도 발생한다. 핵폭발에 따른 대기의 상승 운동에 더해 방사선에 의한 대기 중에서의 대량의 전자 발생이 불꽃방전의 형성에 기여해

번개가 발생하는 것으로 생각된다.

6. 피뢰침을 발명한 프랭클린

1706년 미국의 보스턴에서 태어난 벤저민 프랭클린은 벼락이 떨어질 때 보이는 불꽃과 전기 실험 때 튀는 불꽃이 닮았다는 것에서 번개의 정체가 전기일 것으로 생각했다. 그는 이를 증명하기 위해 21세의 아들 윌리엄과 함께 가벼운 삼나무 막대 2개로 십자가를 만든 다음 그것을 명주천에 붙여서 연을 만들고 십자 끝에 길이 약 30cm 가량의 뾰족한 철사를 달았다. 여기에 전기를 전하기 위한 삼실을 매달고 그 끝에 명주 리본과 금속제 열쇠를 달았다.

프랭클린
(Benjamin Franklin, 1706~1790)
미국의 정치가 · 사상가 · 과학자. 가난한 가정 출신으로, 출판 인쇄업자로 성공했다. 독립선언서의 기초 위원, 프랑스 대사 등을 역임하였고, 박학다식한 두뇌로서 《자서전(自敍傳)》을 저술하였는데 이것은 문학적으로도 높이 평가되고 있다. 그 밖에 피뢰침, 번개의 방전 현상의 증명 등 과학 분야와 도서관 · 고등 교육 기관의 창립 등 문화 사업에도 공헌하였다.

1752년 6월 뇌운이 있을 때 아들과 함께 연을 띄우고 번개가 번쩍하는 순간 삼실 끝에 매단 금속 열쇠에 손을 가까이했더니 전기충격이 감지됐다. 번개가 전기라는 사실을 증명한 것이다. 뿐만 아니라 그는 집의 꼭대기에 3m 가량의 철 막대를 달아 뇌운이 오면 그로부터 전기를 유도하여 종이 울리도록 만들기도 했으며, 뇌운의 전기를 라이덴 병에 모아 뇌운의 전기는 음일 때도, 양일 때도 있다는 사실을 밝혔다. 지붕 위에 달아 놓은 철 막대는 그후 개선

돼 프랭클린 막대, 즉 피뢰침이 됐다.

7. 낙뢰를 피하려면

그러면 낙뢰의 위험이 있을 때 피하려면 어떻게 해야 할까? 미국의 골프협회가 제안한 내용을 보면 다음과 같다.

Ⅰ 나무의 보호 범위 Ⅰ

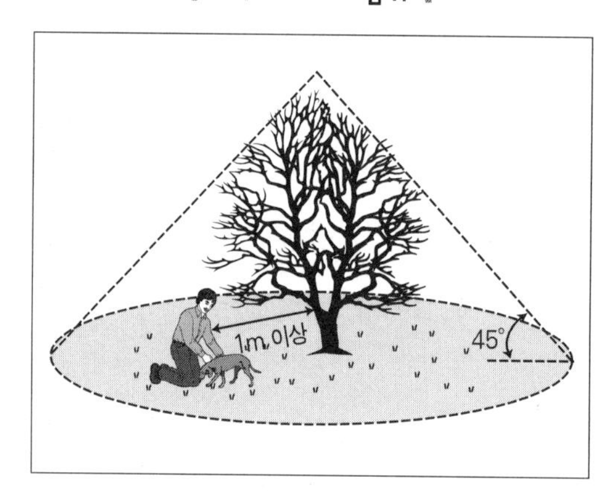

Ⅰ 피뢰침의 보호 범위 Ⅰ

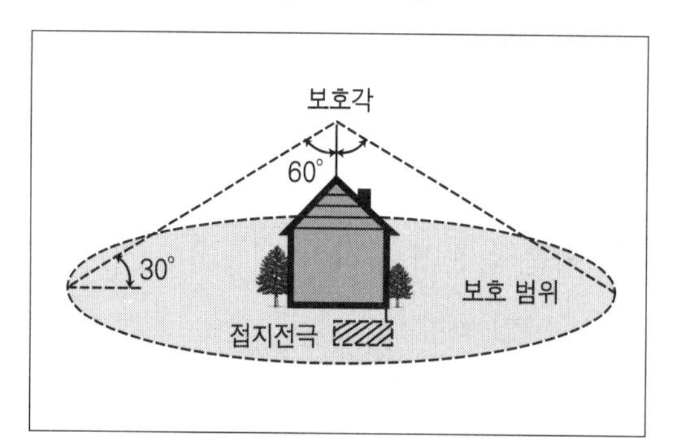

■ 벼락은 높은 곳에 떨어지기 쉬우므로 자세를 낮추고 될 수 있는 대로 움푹 들어간 곳이나 동굴로 피하는 것이 좋다.

■ 라디오에서 찍찍하는 잡음이 들려오면 빨리 피한다.

■ 평지 부근에 나무가 있다면 그림과 같이 앙각이 45° 이내의 곳으로 피하되 나무는 높아서 벼락을 유인하는 효과가 있으므로 나무에서 1m 떨어진 곳으로 피해야 한다.

■ 피뢰침은 그림과 같이 보호각이 보통 60°이므로 앙각이 30° 이상인 곳으로 피한다.

■ 사람이 많은 곳은 피하고, 자동차, 전차, 비행기 등은 전기적으로 차폐돼 있으므로 그 안에 머물면 안전하다.

■ 머리핀, 장신구, 시계, 금속성 도구 등을 멀리 치운다. 그러나 벼락을 유인하는 것은 인체 그 자체이지 금속이 아니다. 금속이든 비금속이든 사람의 머리보다 위로 나와 있으면 벼락을 유인하는 효과가 증대한다. 따라서 벼락을 피하려면 금속성 도구를 버리는 것으로는 불충분하며 자세를 낮추는 것이 상책이다.

■ 강한 낙뢰가 있을 것 같으면 TV의 콘센트를 빼어놓고 전선의 안전차단기를 내려놓는 것이 좋으며, 전등과의 거리도 1m 이상 떨어진 곳이 안전하다.

이상과 같은 피뢰의 상식은 아직 과학적으로 증명되지 못한 것이 있으며, 그 당시 주변 환경의 상황에 따라 다양하게 나타나므로 맹신은 곤란하다. 벼락을 피하기 위한 최상책은 접지가 잘된 건물 안으로 피하거나 가장 낮은 자세를 유지해 낙뢰를 유인하지 않도록 하는 것이다.

생각할 문제

그림 (가)는 뇌운의 발달 단계를 나타낸 것이고, 그림 (나)는 5개의 세포로 이루어진 뇌우를 나타낸 것이다. 이

때 빗금친 부분은 상승기류를 나타내고 밝은 부분은 하강기류를 나타낸다.

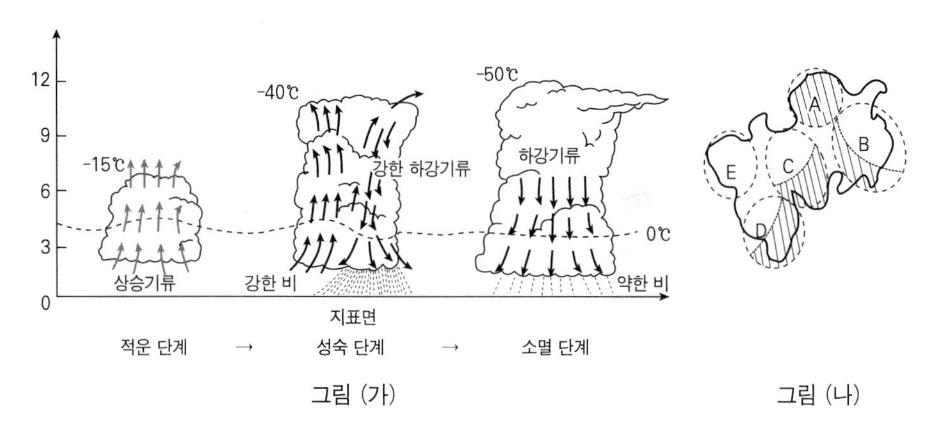

그림 (가) 그림 (나)

이 자료를 바르게 해석한 것을 〈보기〉에서 모두 고르면?

보기

ㄱ. A는 적운 단계에 있는 세포이다.

ㄴ. C는 소멸 단계에 있는 세포이다.

ㄷ. E는 강한 비와 번개를 동반한다.

① ㄱ ② ㄴ ③ ㄷ ④ ㄱ, ㄴ ⑤ ㄴ, ㄷ

정답 ①

| **해 설** | 뇌운은 몇 개의 뇌우세포로 이루어지는데, 적운 단계는 상승기류만 존재하고 소멸단계에서는 하강기류만

존재한다. 그림 (나)에서 A는 상승기류만 있으므로 적운 단계, B, C, D는 상승기류와 하강기류가 같이 존재하므로 성숙 단계, E는 하강기류만 존재하므로 소멸 단계의 뇌우세포이다. 한편 소멸 단계에서는 강한 비와 번개를 동반하지 않는다.

T · H · E · M · E 14

지구의 일기장인 지층

읽기 전에

지표의 암석은 오랜 기간 동안 풍화 · 침식 · 운반 · 퇴적 작용을 받아 퇴적물이 되고, 이로부터 지층이 이루어졌다. 지층은 여러 종류의 퇴적암, 화석, 퇴적 구조를 내포하며, 이들은 그 기간 동안의 역사를 말해준다.

그러면 지구는 어떠한 과정으로 생성됐으며, 지구의 나이와 생물을 알 수 있는 방법은 무엇인가? 이 장에서는 지층과 화석의 연구를 통해 알 수 있는 지구의 역사를 중심으로 알아보자.

지구는 언제 생성됐고 또 그 모습은 어떠했으며 과거에는 어떠한 생물들이 번성했는가?

오늘날 우리는 지구가 약 46억 년 전 태양과 함께 생성됐으며, 38억 년 전 지각이 생성되고, 30억 년쯤 전에 최초의 생명체가 지구상에 나타났으며, 약 2억 년 전의 지구는 공룡의 천국이었다는 등의 사실을 아무런 거부감 없이 받아들이고 있다. 지구상에 인류의 조상이 나타난 것이 약 3백만 년 전임을 생각하면, 이와 같이 인류가 태어나기도 전인 지구 생성 이래의 전 역사를 알고 있다는 사실은 놀라운 일이다.

그러나 지금부터 3백여 년 전까지만 하더라도 지구 역사에 대한 이해 수준은 보잘것없어 지구 나이는 수만 년 정도에 불과하다고 생각했다. 실례로 17세기의 신학자 제임스 아셔는 지구가 B.C. 4004년 10월에 탄생했다고 주장했으며, 이러한 생각은 한때 과학적인 것으로 널리 받아들여지기도 했다.

1. 지구는 어떻게 생성되었나

지구는 태양을 중심으로 공전하는 태양계 내의 행성들과 함께 생성된 것으로 생각되고 있다. 오늘날 태양계의 생성 과정은 칸트와 라플라스가 주장한 성운설(星雲說)을 모태로 발전했다.

라플라스
(Laplace, 1749~1827)
프랑스의 수학자 · 천문학자. 라그랑주(Lagrange)와 더불어 학계의 쌍벽을 이루고 18세기 후반의 천체역학(力學)의 황금 시기를 열었다. 만유 인력의 이론과 이의 태양계에의 응용, 우주 창조에도 논급하고 《천체 역학》을 발표하여 유명한 성운설을 주장하였다.

성운설을 통해 지구 생성 과정을 알아보면, 50억 년 전 현재의 태양 질량보다 큰 원시 태양 성운이 반경 약 10AU (1AU는 지구에서 태양간의 거리) 정도로 흩어져 서서히 회전했다. 이 성운이 중력에 의해 중심으로 수축하게 되었고, 이때 각 운동량이 보존돼 회전 속도는 점차 빨라졌다. 성운의 회전에 따라 원심력이 증가돼 성운은 원반형의 모습을 이루게 됐다. 이때 원반형 성운의 중심부에서는 중력 수축이 진행되면서 원시 태양이 생기고 원반을 이루던 물질들은 점차 원반면으로 모임으로써 미행성들이 형성됐다.

▌라플라스의 성운설▐

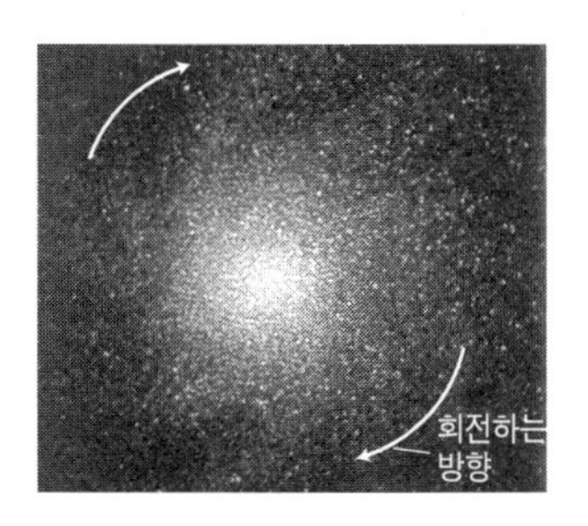

◀ 원시성운의 자전 속도가 커지면 가스나 미립자가 방출되어 고리가 되고 고리의 진한 부분이 행성이 된다. 같은 과정으로 차차 행성이 생겨 최후까지 남은 성운이 태양이 되었다는 설.

이러한 미행성들과 가스들은 서로 충돌하면서 점차 커져 원시 행성이 되었다. 원시 지구도 이런 과정으로 약 46

억 년 전에 생성됐으며, 미행성들의 응집에 의한 에너지로 지구는 거의 용융 상태가 됐다. 이때 수분과 같은 휘발성 성분은 밀도가 작아 지표로 분출하고 밀도가 높은 철 등의 물질은 지구 내부로 가라앉아 오늘날의 핵을 이루게 되었다. 이와 같은 작용이 진행되면서 서서히 식어 지구는 대기권, 수권 및 암권의 층상 구조를 이루게 된 것이다.

지금까지 발견된 가장 오래된 암석은 38억 년 전의 암석이므로 지구상에 지각이 형성돼 풍화 · 침식 · 운반작용으로 지층이 퇴적되기 시작한 시기는 약 38억 년 전쯤으로 생각하고 있다.

2. 화석 한 개가 알려주는 지구의 역사

풍화 · 침식작용으로 지층이 퇴적되면서 당시 번성했던 생물들의 유해 등이 함께 퇴적돼 지층을 이루게 된다. 따라서 오늘날 지층과 지층 속에서 발견되는 화석을 연구함으로써 지구의 역사를 알 수 있다. 18세기 영국의 지질학자인 허튼은 저서 《지구의 이론》에서 동일 과정의 법칙을 주장했다.

허튼
(James Hutton, 1726~1797)
영국의 지질학자. 화성암의 성인(成因)에 관하여 수성설(水成說)에 반대하고 화성설(火成說)을 주장하였다. 근대 지질학 창설자의 한 사람으로 꼽힌다.

지구상에서 일어나는 변화 과정은 지진이나 화산과 같이 급격한 변화에서부터 풍화나 침식작용과 같이 짧은 시간에는 알아볼 수 없는 변화 과정까지 매우 다양하다. 이렇게 다양한 변화는 과거 · 현재 · 미래를 거치며 시간에 관계없이 동일한 과정을 거쳐 일어나는 것이므로 지층과 화석을 연구해 알게 된 지구의 과거는 현재 또는 미래의 변화 과정을 알려준다. 결국 지층과 화석은 지구의 전 역사를 기록한 일기장인 셈이다.

지층으로 알 수 있는 지구의 역사를 간단한 예를 들어 알아보기로 하자.

어느 지역의 해발 3000m 산꼭대기에서 1천5백만 년 전 바다에 살았던 생물의 화석이 발견됐다고 하자. 이 사실로부터 우리는 많은 것을 알 수 있다. 즉, 1천5백만 년 전의 화석이 발견된다는 점에서 이 지역은 그 당시 바다 밑에서 퇴적이 일어나던 지역이었음을 알 수 있으며, 그 후 지각 변동을 받아 융기했음을 추적할 수 있다. 아울러 1천5백만 년에 걸쳐 3000m 융기한 것이므로 1년에 0.2mm씩 융기했을 것으로 추정할 수 있다.

여기서 침식작용의 효과를 고려할 수 있지만 북아메리카 지역에서 조사한 바에 의하면, 침식작용은 이보다 훨씬 느려서 약 1천 년에 3cm 정도 침식되는 것으로 측정된 바 있어 침식작용의 효과를 무시할 수 있다. 더구나 이와 같은 해석에서 우리는 수십만 년의 세월 동안 산이 형성될 수 있다는 사실도 받아들이게 된다.

깜짝과학상식

화석의 지질학적 가치

화석 중에는 광물자원을 탐사하는 데 매우 중요한 자료가 되는 것이 있다. 식물화석은 석탄자원을 찾는 데 중요하다. 또한 석유 탐사작업에 유공충 화석의 연구는 불가결의 것으로 여겨 왔으며, 지금도 석유 탐사에 없어서는 안 될 중요한 부분을 차지하고 있다. 최근에는 전자현미경의 발달로 더 작은 것을 관찰할 수 있는 능력이 생겼으므로, 유공충 외에 그보다 더 작은 미화석, 즉 초미화석을 석유 탐사의 지침으로 바꾸어 가고 있다.

산 정상에서 발견된 화석 하나는 지질학적인 관심을 갖고 있는 사람에게는 이처럼 많은 사실을 알려준다.

3. 지사(地史) 해석의 방법

지구 역사를 해석하는 데에는 몇 가지의 기본 원리가 있다. 이 원리들은 지극히 당연한 것이어서 법칙인가 하는 생각이 들 정도이나 간단한 원리가 지구의 역사를 알게 해주는 것이다. 그럼 하나씩 알아보기로 하자.

퇴적암이 쌓일 때 먼저 퇴적된 지층 위에 새로운 층이 쌓이므로 지층 단면에서 위에 있는 것일수록 젊은 층이 된다. 이를 지층 누중의 법칙(law of superposition)이라고

그랜드캐니언의 실제 모습과 지층 단면도

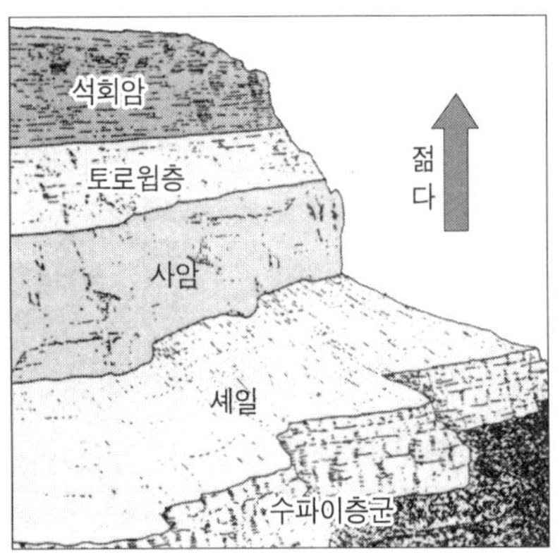

한다. 다만 지층의 뒤집힌 흔적이 발견되는 곳에서는 예외다.

일반적으로 바다 밑에서 지층은 수평으로 쌓인다. 따라서 어느 지역의 지층이 기울어져 있거나 잘려져 있거나 휘어져 있으면 그 지역은 지각 변동을 받았음을 알 수 있으며, 그 양상을 조사하면 힘이 작용한 과정을 알 수 있다.

다른 예로 어느 지역의 지질 단면이 아래 그림과 같다고 할 때 층의 순서를 정해보자. 우선 아래에 쌓인 층이 오래된 것이므로 퇴적층의 순서를 정해보면 오래된 순으로 석회암 — 사암 — 역암 — 셰일임을 알 수 있다. 이에는 지층 누중의 법칙이 적용된 것이지만 오래된 퇴적층이 아래에 위치하는 것은 너무나 당연한 일이다.

‖ 지층의 단면 모식도 ‖

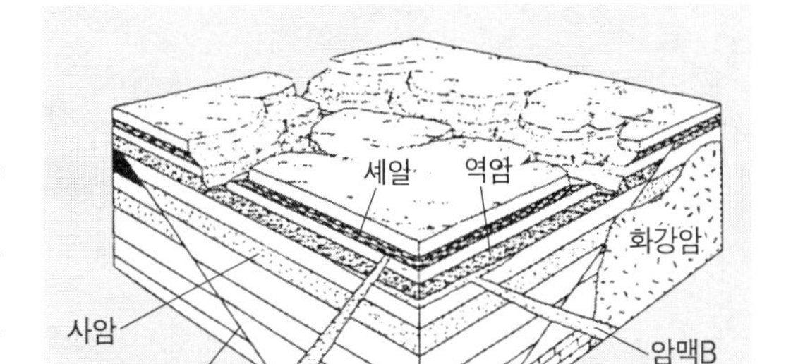

암맥A, B의 경우를 보면 암맥A는 사암, 역암층을 뚫고 있으므로 이들 층보다는 젊은 것이다. 이와 같이 관입당한 암석은 관입한 암석보다 당연히 오래된 것이어야 하는데 이를 관입의 법칙이라고 한다. 한편 암맥B의 경우는 사암층만 뚫고 있으므로 사암층보다 젊은 것이나 암맥A보다는 오래된 것이다.

그러면 단층A와 B는 어떠한가? 우선 단층 A를 보면 사암층은 잘려 있지만 역암층은 잘려 있지 않으므로 사암층보다 젊은 것이고 역암층보다는 오래된 시기에 일어난 것이다. 단층B의 경우는 사암과 역암층이 잘려 있으나 셰일층은 잘려 있지 않으므로 역암층보다 젊은 것이고 셰일층보다는 오래된 시기에 일어났음을 알 수 있다. 그러면 단층B와 암맥B의 관계는 어떠한가? 암맥B가 단층을 자르고 있으므로 단층B가 형성된 후 암맥B가 관입한 것임을 알 수 있다.

이상을 오래된 순으로 요약해 보면 사암 — 역암 — 셰일, 단층A는 사암과 역암의 사이, 단층B는 역암과 셰일의 사이, 암맥B — 암맥A, 단층B — 암맥B가 되며, 이를 모두 만족하는 순으로 나열하면 사암 — 단층A — 역암 — 단층B — 암맥B — 암맥A — 셰일의 순으로 결론지을 수 있다. 이처럼 지층의 관계를 살펴봄으로써 사건의 순서를 밝힐 수 있는 것이다.

그러나 여기서 화강암의 관입이 있을 경우는 주의를 요한다 하겠다. '지층의 단면 모식도'를 보면 사암, 역암, 암맥A, B만 보면 암맥B는 사암층이 쌓인 후 분출하고 역암층이 그 위에 쌓인 것으로 잘못 해석할 수도 있다. 그러나 단층B와 암맥B의 관계를 살펴봄으로써 위와 같은 확실한 결론을 얻은 것이다.

따라서 지층을 해석할 때에는 가능한 한 많은 정보를 수집하는 것이 지층을 올바르게 해석할 수 있는 길이다.

또 다른 예를 살펴보자. 퇴적암과 관입한 화강암이 접하고 있을 때 층의 선후 관계는 어떻게 정할 수 있겠는가? 흔히 퇴적암을 화강암이 관입한 경우 관입의 법칙에 따라 화강암이 퇴적암층보다 더 젊은 것으로 해석한다.

그러나 이 경우 퇴적암과 화강암의 경계를 보면 퇴적암 중에 화강암의 포획암이 들어 있는 것으로 보아 화강암체가 침식에 의해 깎이고 침식물 중 일부가 퇴적물과 함께 쌓여 퇴적층을 이루었을 것으로 추정할 수 있다. 따라서 화강암이 퇴적암보다 더 오래된 것이다. 이와 같이 화강암과 퇴적암이 접하고 있을 경우에는 그 해석에 주의를 기울여야 한다.

화강암이 퇴적암보다 오래된 지층

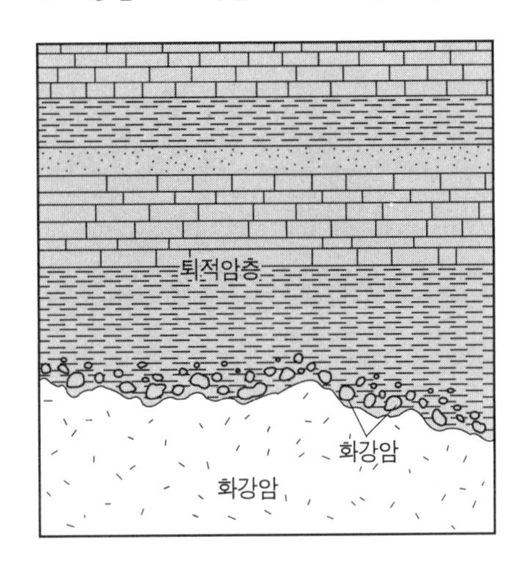

여기서 다른 예를 하나 살펴보기로 하자. 다음 그림은 어느 지역의 지질 단면을 보인 것이다. 이 층의 순서를 정해보자.

아래층이 먼저 퇴적된 것이므로 a-b-c-e, g-h-i-j-k의 순서는 쉽게 알 수 있을 것이다. 그러면 d층은 어떻게 된 것인가? 위에서 살펴본 바와 같이 d층에는 e와 c

깜짝과학상식

▮ 화석림(化石林)
지질시대의 산림이 땅에 뿌리가 박힌 채 퇴적물로 매몰되어 화석, 즉 규화목(硅化木)으로 남은 것을 말한다. 이 수목화석은 지층에 대하여 수직으로, 즉 지층의 층리와 직각방향으로 나타나며 나무 줄기는 물론 뿌리까지도 보존되어 있다.
한국에서 유명한 화석림은 북한에 있으며, 평양 중구역의 중생대 쥐라기 지층인 대동계(大同界)에서 출토되어, 천연기념물로 보존되고 있다. 세계적으로 유명한 화석림은 북아메리카 와이오밍주의 옐로스톤 국립공원에 있는 중생대의 것이다.

▮ 지질 단면도 ▮

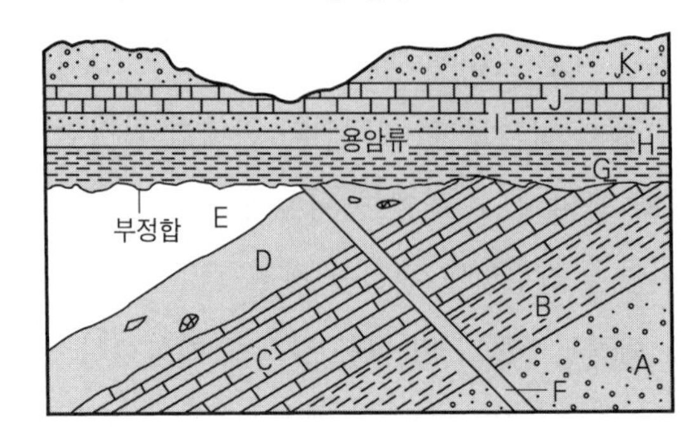

층의 암석을 모두 포획암으로 갖고 있으므로 c, e층보다 젊은 층임을 알 수 있다.

다음은 암맥 F와 두 지층군 사이의 관계를 해석하면 F는 a~e층의 지층군이 쌓인 후 관입한 것이며, 그 위에 g~k층 군이 쌓였으므로 결국 층의 순서는 a-b-c-e-d-f-g-h-i-j-k의 순이 된다.

여기서 f의 관입이 있은 후 오랫동안 침식이 일어났으므로 g층의 하부는 부정합이 된다.

4. 화학에 의한 지층의 대비

지금까지 살펴본 것은 한 지역의 지질을 조사한 결과를 해석한 것이다. 그러나 지각이 융기와 침강을 하므로 어느 한 지역에서 선캄브리아기부터 신생대에 이르기까지의 모든 퇴적층이 쌓일 수는 없다. 따라서 전 지구의 역사를 알기 위해서는 여러 지역의 지층을 서로 비교해야 한다.

다음 그림은 콜로라도 평원 가운데 세 지역의 지질 단면을 나타낸 것이다. 이를 비교하면 선캄브리아대층에서부터 신생대 제3기의 지층에 이르기까지의 역사를 알 수 있다. 그랜드캐니언 수파이층(Supai Fm)과 캐니언랜드 리코층(Richo Fm)은 같은 시대의 층이며, 캐니언랜드와 브리스캐니언의 나바호 사암층(Navajo Ss)이 서로 같은 시대의 것이다. 이를 종합하면 선캄브리아기부터 신생대에 이르기까지 전지구 역사시대의 지층이 모두 나타나 있어 이 층들을 자세히 조사해 지구 탄생 이래 환경의 변화를

콜로라도 평원의 지질 단면도

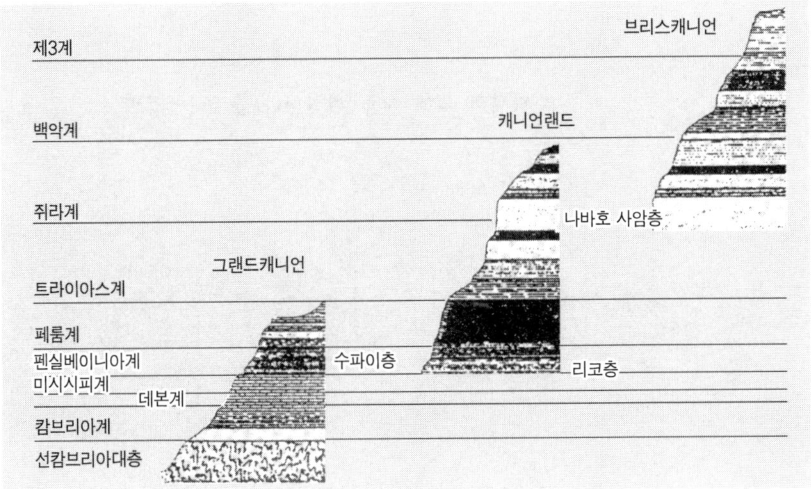

그랜드캐니언에는 오르도비스기와 실루리아기의 지층이 없다.

알게 되는 것이다.

그러나 이와 같이 서로 멀리 떨어진 두 지층이 정확히 동시대의 것인지 밝히기 위해서는 지층 속에 포함된 화석을 연구해야 한다.

동일한 시기에 퇴적된 지층 속에서는 그 시대에 같은 종 또는 진화의 정도가 같은 생물이 살았을 것이므로 이를 비교하면 동시대의 것임을 확인할 수 있다. 예를 들어 암모나이트는 고생대에만 생존했던 두족류인데, 어느 층에서 삼엽충의 화석이 발견되는 것은 이 층들이 서로 멀리 떨어져 있다 해도 고생대에 퇴적된 층임을 말해주는 것이다.

생존 시기를 아는 3종류의 화석이 어느 지층에서 발견된다고 할 때 이를 이용하여 각 지층이 퇴적된 시기를 알 수 있는 방법을 알아보자.

▌화석에 의해 지층 퇴적 시기를 아는 방법▐

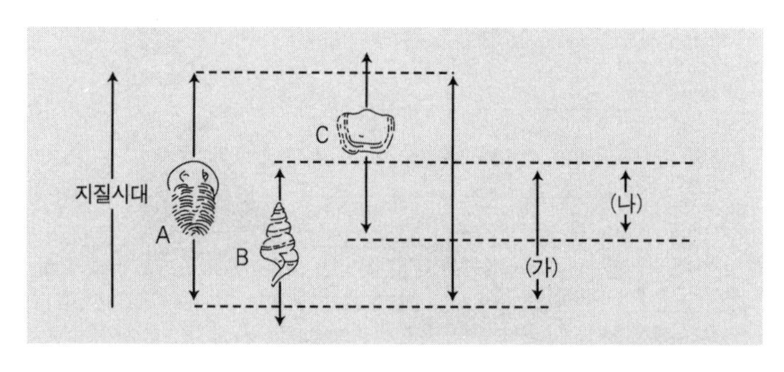

그림에서 화석에 연결된 화살표는 이 생물이 살았던 시

기를 표시한 것이다. 예를 들어 어느 지층에서 A와 B의 화석만 발견된다면 그림 (가) 시대에 퇴적된 층임을 알 수 있으며, 어느 층에서 화석 A, B, C가 모두 발견된다면 이 층은 그림 (나)의 시기에 퇴적된 층임을 알 수 있는 것이다.

지층을 대비하는 데 화석을 이용할 수 있다는 사실을 처음으로 안 사람은 지질학자가 아닌 측량기사 윌리엄 스미스다. 그는 18세기 후반 석탄 수송 차량을 위한 운하 공사의 측량 기사였는데, 영국 각지를 돌아다니며 운하 공사를 하면서 당시 아무도 눈여겨보지 않았던 화석에 관심을 갖고 수집하며 관찰을 꾸준히 했다. 이러한 관찰을 통해 그는 지층의 암질은 지역에 따라 변하지만 지층 속에서 발견되는 화석에는 유사성이 있다는 사실을 알게 된 것이다.

그는 이를 이용해 전 영국의 지질 단면도와 주상도를 체계적으로 나타내고 이를 토대로 하여 지하에 묻힌 지층의 두께와 심도를 예측할 수 있게 됐다. 동일한 방법으로 전 지구의 지질 조사 결과를 토대로 지층의 순서를 정하고 층의 관계를 해석하여 지구의 역사를 밝히고 지구적으로 큰 지각 변동이 있었던 시기를 경계로 고생대, 중생대, 신생대 등의 지질 시대를 정해 사용하게 된 것이다.

과학은 이처럼 야외 현장에서 직접 관찰하고 다른 사람이 눈여겨보지 않는 사실을 꾸준히 관찰하고 연구하는 데

깜짝과학상식

화석의 채집과 보관

화석을 채집할 때에는 그것을 함유하는 지층을 잘 관찰하여 기록해 두어야 한다. 야외 조사시에는 화석 채집용 각종 기구와 도구를 휴대하여야 한다. 도구로는 해머 · 끌 · 전기드릴, 또 치과용 의료기구 등도 휴대해야 한다.

작은 화석을 지층 중에서 빼내기 위해서는 화석의 종류에 따라 기술적인 차이가 있다. 석회질 껍질이 있는 작은 화석 추출에는 산류를 쓰면 안 된다. 또 꽃가루화석은 플루오르화수소를 사용하여 암석을 녹여 추출하고, 유리슬라이드나 종이슬라이드에 담아서 보관한다. 모든 화석을 보관하는 데는 특별한 주의가 필요하며, 채집 장소 · 연월일 · 채집자 · 산출상태 · 화석 표품의 번호 등을 정확하게 기록하고, 이들을 카드에 기록하여 캐비닛에 보관한다.

서 발전하는 것이다. 그저 실험실에서 조건이 통제되고 자연에 비해 상당히 축소된 실험들만으로 결론짓고 추상적인 개념을 논하는 것으로는 과학의 발달이 이루어질 수 없다. 자연 속으로 직접 뛰어들어 그 결과를 투시해 봄으로써 과학적인 눈을 뜨게 될 것이다.

이제부터라도 주위의 자연을 직접 관찰하고 조그만 암석 하나도 유심히 살펴보는 습관을 가지는 일이 과학에서 얼마나 중요한지 깨닫도록 하자.

생각할 문제

■ 그림은 어느 지역의 지질 단면도이다. 화성암 B의 주변에는 그림과 같이 접촉 변성대가 발견되었으며, 방사성 원소에 의한 절대 연령은 1.5억 년으로 측정되었고, 퇴적암 A에서는 삼엽충 화석이, E층에서는 매머드 화석이 발견되었다.

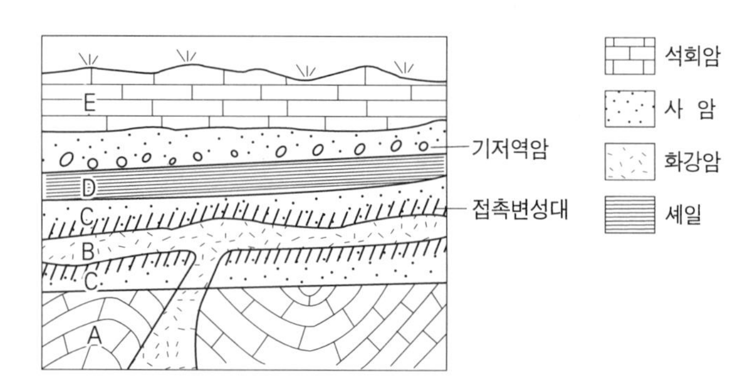

다음 중 이 자료를 해석하여 얻은 결론으로 옳은 것은?

① 지층 D에서는 암모나이트 화석이 발견될 수 있다.

② 화성암 B의 주변에는 대리암이 발견될 수 있다.

③ 화성암 B는 중생대에 분출한 것이다.

④ 이 지역에는 한때 장력을 받은 적이 있다.

⑤ 이 지역에는 부정합이 1회 나타난다.

정답 ①

| 해 설 | 삼엽충은 고생대, 매머드는 신생대의 표준화석이며, 이 지역의 층서는 A층이 퇴적된 후 습곡작용을 받았으며, 그 위에 부정합으로 B층, D층이 쌓이고, 다시 부정합으로 E층이 쌓인 것이다. 여기서 화성암 B의 주변부가 모두 변성되어 있는 것으로 보아 관입한 것이며, 관입 시기는 지층 C가 형성되고 난 후인데, 화성암 B의 절대 연령이 1.5억 년이므로 C층은 1.5억 년 전, 즉 중생대에 형성된 것이다.

또한 지층 A에서는 삼엽충이 발견되었으므로 고생대 지층이며, 지층 E는 매머드가 발견되었으므로 신생대 지층이다. 따라서 지층 C, D는 중생대 지층으로 추정할 수 있다.

한편 기저역암층은 부정합이 형성되는 과정에서 침식된 암편들이 운반되지 않고 그 자리에 남은 채로 그 위에 새로운 지층이 퇴적된 것으로 부정합면에서 자주 나타난다.

■ 다음 그림은 어느 지역의 지질을 입체적으로 나타낸 모식도이다. 그림에서 D층은 화성암으로 절대 연령은 5억 년으로 측정되었으며, C층과의 접촉부에서 변성된 흔적을 발견할 수 없었다. 이 지역의 지질에 대한 설명으로 옳은 것은?

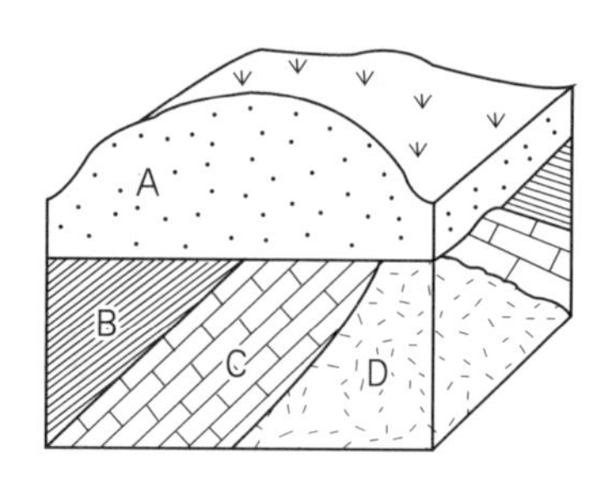

① B, C층에서는 삼엽충이 발견될 수 있다.

② 이 지역은 한때 장력을 받은 적이 있다.

③ 이 지역에는 정단층이 발달한다.

④ 화성암 D는 관입한 것이다.

⑤ 층서는 D→C→B→A이다.

》⑤

| 해 설 | 그림에서 D층과 C층 사이에 변성대가 나타나지 않으므로 D층이 분출한 후 그 위에 C, B층이 쌓인 것으로 해석할 수 있다. 이 지층이 지각변동으로 경사진 후에 융기하여 침식되고 다시 침강하여 A층이 쌓인 것이므로 이 지역의 층서는 D→C→B→A가 된다.

T·H·E·M·E 15

과거로 가는 타임머신, 화석

읽기 전에

화석은 지질 시대의 기후나 생물 분포를 알려주는 자연의 역사책이다. 화석이 없었다면 2억 년 전 중생대 공룡의 모습은 상상조차 할 수 없었을 것이다. 이 장에서는 화석의 기원과 여러 화석에 대해서 알아보자.

화석(fossil)은 어원으로 볼 때 '파내다' 라는 뜻에서 기원된 것으로 18세기까지만 해도 뚜렷한 정의 없이 땅 속에서 파낸 기묘한 것을 모두 화석이라 했다. 최근에 와서 지질학자들이 그 뜻을 생물에 관계되는 물체에만 국한하여 '화석은 지질시대로부터 보존된 생물의 유해, 인상, 흔적으로 생물체의 구조가 인지되는 물체' 라고 정의하고 있다. 여기서 지질시대라는 뜻은 지구가 탄생하고 지각이 형성됐다고 생각되는 38억 년 전부터 역사시대가 시작된 1만 년 전까지를 말한다.

그러므로 역사시대에 살던 생물의 유해는 화석으로 취급되지 않는다. 즉, 고대 무덤에서 출토된 미라 등은 화석으로 취급하지 않으며 고고학에서 다루게 되는 것이다. 지질시대로는 약 1만 년 전부터를 신생대 제4기 홀로세(또는 충적세)라 하는데, 이 시기의 생물의 유해나 흔적은 화석과 구별하여 반화석(subfossil)이라 하기도 한다.

| 여러 가지 화석 |

➔ 화석은 지질시대에 생명체가 존재했다는 증거물이 될 뿐 아니라 지질시대의 역사도 말해준다.

파티노펙텐 도쿄엔시스
신생대 제4기

암모나이트
중생대 백악기 후기

은행류
중생대 쥐라기 전기

고생대 데본기

상어, 고생대 데본기 후기

1. 화석 — 네안데르탈인의 소장품

화석이 인류에게 알려지게 된 것은 인류의 탄생과 함께라고 생각해도 무리가 아니다. 약 15만 년에서 7만 년 전까지 살았던 인류의 선조인 네안데르탈인이 발견된 곳에서 소장품으로 보이는 완족류의 화석이 발견된 바 있다. 아마 이것은 권위의 상징으로 흔치 않은 화석을 이용한 것으로 생각된다. 뿐만 아니라 이미 기원전에 스트라본, 헤로도토스, 크세노폰 등은 이미 화석이 고대 생물의 흔적임을 알고 있었다.

이미 B.C. 450년경 헤로도토스는 이집트를 여행하면서 조개 화석을 발견하고 지중해 부근이 전에는 넓은 바다의 일부분이었을 것으로 생각했다. 그러나 당대의 가장 권위 있는 철학자 아리스토텔레스와 그의 학파는 화석을 생물이라고 생각하면서도 그런 것은 진흙에서 지렁이가 자라듯이 '암석 중에서 자라난 것' 이라고 믿었다. 그의 제자

스트라본
(Strabon)
기원전 1세기의 그리스 지리학자 · 역사학자. 세계 각지를 여행하면서, 지형 · 기후 · 산물 등에 관하여 상세히 관찰하고, 《지리지(地理誌)》 17권을 썼다.

헤로도토스
(Herodotos, 484? ~425? B.C.)
고대 그리스의 역사가. 흑해 북안 · 이집트 · 바빌론 등을 여행하며 견문을 넓혔다. 페르시아 전쟁을 중심으로 동방제국의 역사 · 전설 및 그리스 여러 도시의 역사를 서술하여 '역사의 아버지' 로 불린다.

크세노폰
(Xenophon, 430? ~354 B.C.)
고대 그리스 아테네의 철학자 · 군인 · 작가. 소크라테스에게 가르침을 받은 뒤에 키로스군에 참가하여 소아시아 전쟁에 참여하고 귀국 후 수기 《아나바시스(Anabasis)》를 저술, 이 밖에 역사 소설 등을 썼다.

중 한 사람은 지층이 퇴적될 때 들어간 동물의 알이나 식물의 씨가 암석 중에서 자란 것이라고 주장했다.

이러한 고대 그리스의 생각은 중세에 이르기까지 지속돼 화석에 대한 지식의 발전을 저해했다. 더구나 중세에 들어 창조론 등의 영향으로 지구의 나이가 수천 년 정도로 규정되면서 수만 년 이상의 시간이 소요되는 생물의 화석화 작용이나 진화, 또는 지표의 변화 등에 대한 생각의 여지를 없애버렸다.

당시 화석에 대한 일반적인 생각은, 화석은 괴이한 물건이며 암석 중에 조형력이 있어서 광물처럼 화석도 만들어질 수 있다고 생각하거나 일부는 사람을 미혹하게 하려는 귀신의 장난이라고 믿었다. 불과 2백 년 전까지만 해도 이러한 생각이 지배적이었던 것이다.

그러나 이러한 학문적 암흑기에도 소수의 사람들은 화석의 참의미를 알고 있었는데, 레오나르도 다 빈치, 프라카스토로, 버나드 팰리시 등은 생물체가 화석화 작용을 받은 것이 화석이라고 믿었다. 레오나르도 다 빈치는 수에즈 운하를 팔 때 많은 바다 생물의 화석을 발견하고 그곳이 전에는 바다였다는 기록을 남기고 있다.

독일에서는 1696년 발견된 매머드의 화석을 둘러싸고 당시 김나지움 선생인 텐첼은 이 화석을 큰 짐승의 뼈라고 했으나, 당시 대부분의 사람들은 의학 선생들의 주장처럼

레오나르도 다 빈치
(Leonardo da Vinci, 1452~1519)
이탈리아 문예 부흥기의 화가·건축가·조각가. 피렌체의 빈민 출신으로 탁월한 묘선(描線)과 심리적 표현에 의해 천재적 수완을 보였고, 엄밀한 자연 과학적 정신 밑에 회화·건축 이외에 공업·이학 방면에도 조예가 깊었다. 회화 작품으로 유명한 《최후의 만찬》·《모나 리자》 등이 있다.

프라카스토로
(Girolamo Fracastoro, 1483~1553)
이탈리아의 의사·자연과학자·시인. 베로나에서 개업, 의사로서 이름이 높았으며, 유명한 의학시(詩) 〈시필리스 시베 모르부스 갈리쿠스〉의 작자이다. 미생물 발견 훨씬 이전에 전염병은 어떤 미생물적인 것에 의하여 생긴다고 하였다.

이 화석을 자연의 장난으로 만들어진 것이라고 생각해 일대 논쟁이 일기도 했다.

그러나 조개, 어류, 나뭇잎 화석 등은 화석이 생물과 깊은 관계가 있음을 부인할 수 없게 했으며, 당시 신학자들은 이를 노아의 홍수로써 설명하려 했다. 그 예로 쇼이히처는 화석을 'Sports of Nature' 라고 했는데, 1726년에 발견된 도롱뇽 뼈의 화석을 'Homodiluvii testis', 즉 홍수 때 죽은 사람의 뼈라고 했다. 그러나 이것은 얼마 안 가서 격변설을 주장한 큐비에의 연구로 큰 도롱뇽의 화석임이 밝혀졌다.

2. 화석은 어떻게 형성되는가

1706년 미국에서 높이 15cm, 무게 1kg의 코끼리의 이가 발견됐다. 매사추세츠 주의 지사는 이를 사람의 이라고 믿었고, 어떤 사람에게 보낸 편지 중에 이런 이를 가진 사람은 거인으로 홍수 때 맨 마지막까지 견디다가 물이 그 큰 키를 삼켰으므로 죽은 것이며, 이 때에 생긴 지층이 두꺼운 이유도 여기에 있다고 했다.

화석이 되기 위한 조건은 육지보다 바다 밑이나 호수의 바닥, 또는 강바닥과 같은 물밑 환경이 적당하다. 이런 곳에 쌓인 생물체는 공기중에서 분해되지 않도록 가급적 빨리 매몰돼야 하며 동물의 뼈나 껍질, 식물의 목질 부분 등과 같이 단단한 부분이 있어야 한다. 그러나 이러한 생물체가 다공질이면 지하수에 녹아 있던 SiO_2, $CaCO_3$ 등의 광물질이 삼투해 들어가 구멍을 메워 버리거나 지하수 속에 녹아 있는 광물 성분이 매몰된 생물의 조직을 서서히 치환해 형성되기도 한다. 특히 나무 줄기는 SiO_2로 한 분자씩 치환돼 나이테 등의 나무 조직을 그대로 보존하기도 하는데 이를 규화목이라고 한다.

생물체의 조직은 탄소화합물로 이루어져 있으므로 건류되면 흑연에 가깝게 탄화돼 보존되기도 한다.

건류(乾溜)
공기를 차단하여 유기 고체를 분해 온도 또는 그 이상으로 가열하여 휘발성 화합물과 고체 잔류물을 분리 · 회수하는 일이다. 재목에서 목타르를, 석탄에서 코크스 · 콜타르 · 석탄 가스를 얻는 따위를 말한다.

화석으로 나타나는 대부분의 종은 이미 멸종해버린 것이 많으나 6천5백만 년 전부터 시작된 신생대의 생물 화석은 거의 현재 살아 있는 종이 많다.

1900년 시베리아에서 발견된 매머드는 신생대의 대표적인 화석으로 2만 년 전에 살았던 것으로 생각되는 코끼리의 일종인데, 시베리아의 동토층에서 보존이 잘된 채로 발견돼 매머드의 몸뚱이와 다리에 붙은 살껍질 털, 위 속의 내용물 등이 그대로 남아 있고 살의 신선도는 동행했던 개가 먹을 수 있을 정도였다고 한다.

3. 화석을 만들어 보자

진짜 화석을 만들 수는 없지만 다음과 같은 방법으로 화석이 형성되는 과정을 간단히 알아볼 수 있다.

1. 석고를 이용한 화석 만들기

실제로 나뭇잎이나 조개 껍데기 따위의 본을 이용하여 어떻게 화석이 형성되는지 알아보기로 한다.

석고 반죽과 물을 혼합해 부드러워질 때까지 저은 후 넓은 접시에 2cm 깊이 정도로 부은 다음 바셀린을 칠한 나뭇잎이나 조개 껍데기를 그 위에 놓는다. 다시 그 위에 석고 반죽을 부어 넣고, 단단해지면 떼어내어 반으로 갈라 조개 껍데기나 나뭇잎의 주형을 관찰한다. 이때 석고에 손바닥을 찍어 관찰하는 것도 흥미있다.

2. 송진으로 화석 만들기

몇 조각의 송진을 저온의 불에 끓지 않을 정도로 저어가며 녹인다. 사방 1cm 정도의 종이상자를 만들고 여기에 녹은 송진을 붓는다. 송진이 굳기 전에 죽은 곤충과 같이 표면이 비교적 딱딱한 표본을 완전히 담근다. 이때 공기 방울이 생기면 달구어진 바늘로 공기 방울을 건드려 쉽게 없앨 수 있다. 송진이 완전히 굳은 후 종이를 떼어내고 모양을 다듬으면 호박 속의 곤충 화석과 같은 모습을 볼 수 있다.

깜짝과학상식

▮ 화석의 나이는 어떻게 알 수 있나?

화석의 연대를 아는 데는 간접적이며 추리적인 방법을 통한 상대연대와 직접적인 측정 방법에 의한 절대연대가 있다.

상대연대는 간접적인 증거들을 통해서 화석의 연대를 추론하는 것이다. 이것은 '어떤 암석층에 화석이 놓여 있는가? 일정 시간이 경과하면 바뀌는 지자기장의 방향과 관련해 볼 때 화석이 놓여 있는 암석은 어떠한 상태에 있는가? 화석화가 어떤 기후에서 이루어졌는가?' 등의 연구를 통해 알아내는 방법이다. 절대연대는 방사성 원소의 반감기를 통해 화석의 연대를 추측하는 것이다. 가장 널리 보편적으로 쓰이는 방사성 원소는 방사성 탄소(^{14}C)이다.

화석 중에서 이와 같이 생물체는 용해돼 없어졌으나 외형이 보존된 형태를 '몰드'라고 한다. 즉 이 구멍 속에 다른 광물질이 들어가 가득 차 버리면 새로운 물질로 된 화석이 생기게 되는 것이다.

지질시대는 크게 선캄브리아대, 고생대, 중생대, 신생대로 구분하는데, 각 시대별 대표적인 화석은 다음 표와 같다.

4. 화석은 어디에 쓰이나

화석이 없었다면 2억 년 전 중생대 공룡의 모습을 알 수 있었을까? 아마도 영화 〈주라기 공원〉이 재미없었을지도 모른다.

화석은 지질시대의 기후, 수륙 분포, 고지리 등의 환경을 알게 해주는 중요한 역사책이다. 물론 지질시대를 구분하는 것도 각 지층에서 나온 화석의 연구로 결정된 것이다. 넓은 의미의 화석인 석탄, 석유, 천연가스 등은 경제적인 가치를 주기도 한다.

그러나 화석이 우리에게 주는 중요한 것 중의 하나는 생물체 진화의 과정을 알게 해주는 단서가 된다는 점이다. 화석의 연구로 각 지질시대의 경계에서 수많은 종이 멸종

▌지질시대의 생물의 변천▐

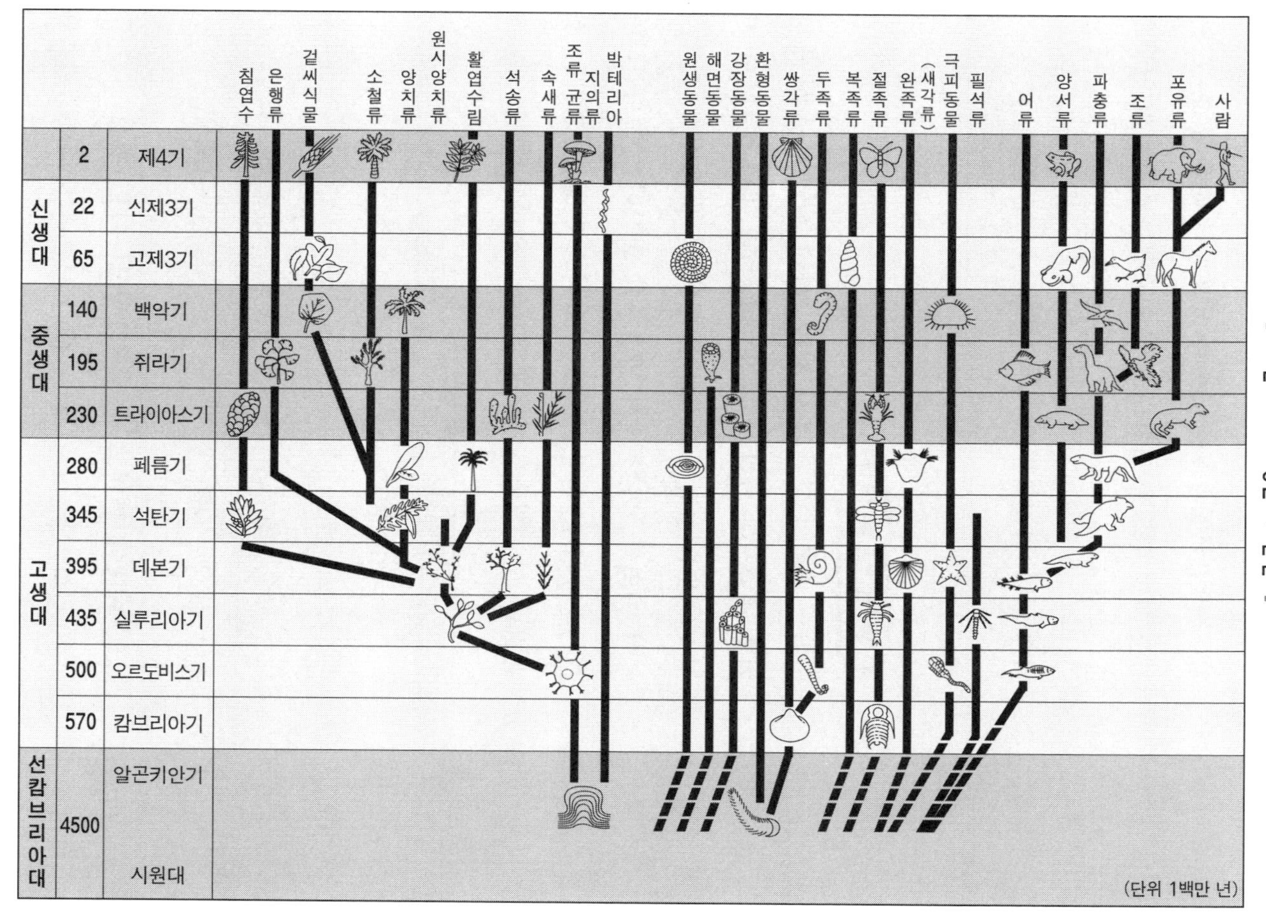

침엽수
은행류
겉씨식물
소철류
양치류
원시양치류
활엽수림
석송류
속새류
조류
균류
지의류
박테리아
원생동물
해면동물
강장동물
환형동물
쌍각류
두족류
복족류
절족류
완족류
(새각류)
극피동물
필석류
어류
양서류
파충류
조류
포유류
사람
신생대
2 제4기
22 신제3기
65 고제3기
중생대
140 백악기
195 쥐라기
230 트라이아스기
고생대
280 페름기
345 석탄기
395 데본기
435 실루리아기
500 오르도비스기
570 캄브리아기
선캄브리아대
알곤키안기
4500
시원대
(단위 1백만 년)

하거나 새롭게 태어나고 있음을 알 수 있다. 결국 지구상의 생명이 어떻게 태어났으며 어떻게 진화해 왔고, 또 인류는 어떤 과정을 거쳐 오늘에 이르렀는지 화석의 연구로 알 수 있을 것이다. 인류의 과거를 아는 일은 결국 인류의 미래를 알 수 있는 일이기도 하다.

생각할 문제

어느 지역의 지질 조사 결과 (가), (나), (다) 세 층의 지층 경계선이 그림 Ⅰ과 같으며, 그림 Ⅰ의 A-A′의 지질 단면도는 그림 Ⅱ와 같음을 알았다.

이 지역의 (가)층에서 방추충의 화석이 발견되었다면 (나)층에서 발견될 수 있는 화석으로 옳게 짝지은 것은?(단, 이 지역에서 지층의 역전은 없었다고 한다)

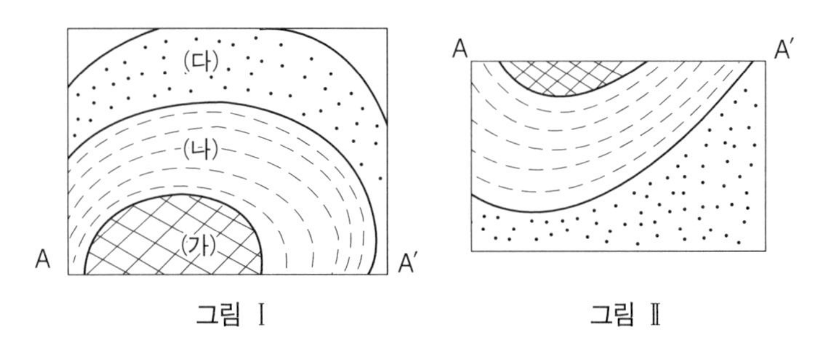

그림 Ⅰ　　그림 Ⅱ

① 화폐석, 매머드　　② 암모나이트, 필석

③ 필석, 갑주어　　④ 스트로마톨라이트, 화폐석

⑤ 시조새, 암모나이트

| **해 설** | 지질 단면의 모양으로 보아 가운데가 오목한 분지형의 퇴적 구조임을 먼저 파악한다. 지층 누중의 법칙에 의해 층서는 (다)→(나)→(가)이며 방추충은 고생대 말기의 화석이므로 (나)에서는 고생대 중기 이전의 화석이 발견될 수 있다.

화폐석과 메머드는 신생대, 암모나이트는 중생대, 필석, 갑주어 등은 고생대의 표준화석이다.

THEME 16

암석의 나이

읽기 전에

우리가 살고 있는 지구의 나이는 얼마나 될까? 이런 의문은 지구상에 인류가 태어나면서부터 제기돼 온 문제일 것이다. 그러나 아직도 정확한 답을 찾지 못하고 있다. 이 장에서는 방사능을 통해 암석의 나이와 지구의 역사를 알아보도록 하자.

아메리카 원주민의 전설 중에 지구의 역사와 관련된 것이 있다.

1519년 스페인이 멕시코 원주민 아즈텍족이 세운 아즈테카 왕국에 쳐들어갔을 때 지름이 18m나 되고 무게 18메가톤의 돌로 된 원판을 발견했는데, 이 돌은 섬세하게 조각된 캘린더로서 우주의 구조와 지구의 역사에 관한 지식을 나타낸 것이었다. 이 캘린더를 해석한 전설의 내용은 다음과 같다.

1. 지구의 역사에 대한 근세의 해석

아즈텍과 마야 문명이 가지고 있던 이 전설은 4개의 태양에 관한 것인데, 지금의 태양이 있기 전 4시대의 역사가 있었다는 것이다. 이들 각 시대는 모두 큰 변혁으로 끝을 맺었는데, 4시대는 캘린더의 중앙에 사각형으로 표시돼 있다.

첫 번째 시대는 지구가 호랑이의 밥이 돼 종말을 맞았고, 두 번째 시대는 인류가 무서운 바람에 의해 멸망했으며, 살아 남은 사람은 바람에 날려가지 않으려고 나무에 매달린 원숭이로 변했다. 세 번째 시대에는 사람들이 무서운 돌과 용암의 세례로 멸망했으며, 일부는 이를 피하기 위해 새로 변했다. 네 번째 시대에는 큰 홍수로 멸망했는데, 이때 사람은 물고기로 변했다. 우리가 살고 있는 다섯 번째 시대는 앞으로 지진에 의해 파괴될 것이라고 한다.

지구의 역사에 대한 고대 전설은 허무맹랑한 것으로 생각되나 불과 수세기 전까지만 해도 지구의 역사에 관한 인간의 지식은 이와같이 보잘것없었다.

그 예로 현대적인 과학 문명이 발달한 유럽 쪽에서도 A.D. 1000년경 페르시아의 조로아스터는 지구가 1만2천 년 전에 생성됐으며, 앞으로 3천 년밖에는 존재할 수 없다고 했다. 또 아일랜드의 주교인 어셔는 히브리 성서를 연구한 끝에 우주의 창조는 B.C. 4004년 10월 26일 오전 9시에 이루어졌다고 했으며, 그들의 이러한 생각은 한때 광범위하게 인정되기도 했다. 불과 1백 년 전까지만 해도 지구의 역사는 수천만 년을 넘지 못했다.

지구의 역사에 대한 사람의 인식을 바꾼 사람들은 지질학자들이다. 18세기 영국의 지질학자 허튼은 지질학적인 연구로 지구의 역사는 이보다 훨씬 길 것으로 생각했다. 1862년 영국의 켈빈은 지구가 잃은 열량을 계산해 지구의 나이는 2천만 년에서 4억 년 미만으로 생각했다. 또 일부 지질학자들은 시생대 초부터 현세에 이르기까지 퇴적층의 두께가 총 160km로 측정됐으므로 연평균 1mm씩 퇴적되는 것으로 해 1억6천 년으로 생각하기도 했다.

지구의 나이는 바다 속의 염분을 이용하여 추정하기도 했다. 바다 속에 들어 있는 나트륨의 총량을 1년 동안 육지에서 바다로 운반되어 들어가는 양으로 나누어 추정한 것이다. 즉 바다 속 나트륨의 양은 16×10^{15}g이며, 1년에 바다로 운반되는 나트륨의 양은 16×10^{7}g이므로 지구의 연령을 1억 년으로 추정했다. 지금 우리가 알고 있는 46억 년과는 너무 거리가 먼 값이다.

| 여러 학자들에 의한 지질시대의 길이 |

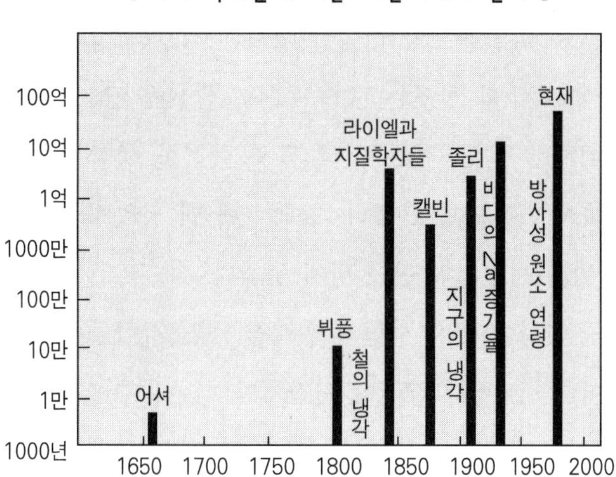

2. 방사성 원소 발견 후 지구 나이 측정 가능

지구의 역사를 알게 된 것은 방사성 원소를 이용한 측정법이다. 지사 연구법칙을 이용한 상대적인 연대를 나타내기는 했으나 정량적인 연대학, 즉 절대 연대로 나타나게 된 것은 방사성 원소가 발견된 19세기 말 이후에야 가능하게 됐다.

그것은 X선을 발견한 뢴트겐, 우라늄의 방사능을 발견한 베크렐, 그리고 우라늄에 섞여 있는 라듐을 분리한 퀴리 부부 등 학자들의 연구 결과로 우라늄, 라듐과 같은 원자량이 큰 원소가 방사선을 내면서 일련의 변화 과정을 거쳐 납으로 바뀐다는 사실을 알아내고, 이들 방사선의 정체가 구체적으로 밝혀지면서 보다 과학적인 지구의 나이 추정이 가능하게 되었다.

원자는 원자핵과 원자핵 주위를 빠른 속도로 도는 전자로 구성돼 있다. 또 원자핵은 양성자, 중성자, 중간자 등으로 구성돼 있다. 자연 상태에서 많은 수의 원자핵들은 불안정하다. 즉 에너지 관점에서 볼 때 원자핵 부분들의 결합에너지의 합이 처음 원자핵의 결합에너지보다 크기 때문에 불안정한 원자핵들은 둘 또는 그 이상의 부분으로 분리될 수 있다. 원자핵은 여러 가지 불안정한 방법으로 분리될 수 있으나 일반적으로 방사성 붕괴라는 말은 알파(α), 베타(β), 감마(γ) 복사와 함께 다른 원자핵으로 변하는 붕괴를 말한다.

뢴트겐(Wilhelm Konrad Röntgen, 1845~1923)
독일의 실험 물리학자. 1895년 크룩스관으로 음극선을 연구중 미지의 방사선을 발견, 이를 X선이라 이름지었다. 이것이 곧 뢴트겐선으로, 1901년 최초의 노벨 물리학상을 받았다.

베크렐(Antoine Henri Becquerel, 1852~1908)
프랑스의 물리학자. 자기에 의한 편광면(偏光面)의 회전 · 인광(燐光) · 적외선 스펙트럼 등을 연구하였다. 1896년 우라늄 광석에서 나오는 새로운 방사선을 발견, 방사능 연구의 신기축을 이룩했다. 1903년 퀴리 부부와 함께 노벨 물리학상을 수상했다.

퀴리
(Marje S. Curie, 1867~1934)
프랑스 여류 물리학자. 1895년 피에르와 결혼, 그와 협력하여 라듐 · 폴로늄을 발견하여 1903년 함께 노벨 물리학상을 수상, 금속 라듐의 분리에 성공하여 1911년 노벨 화학상을 받았다.

▌방사성 원소의 붕괴 모형▐

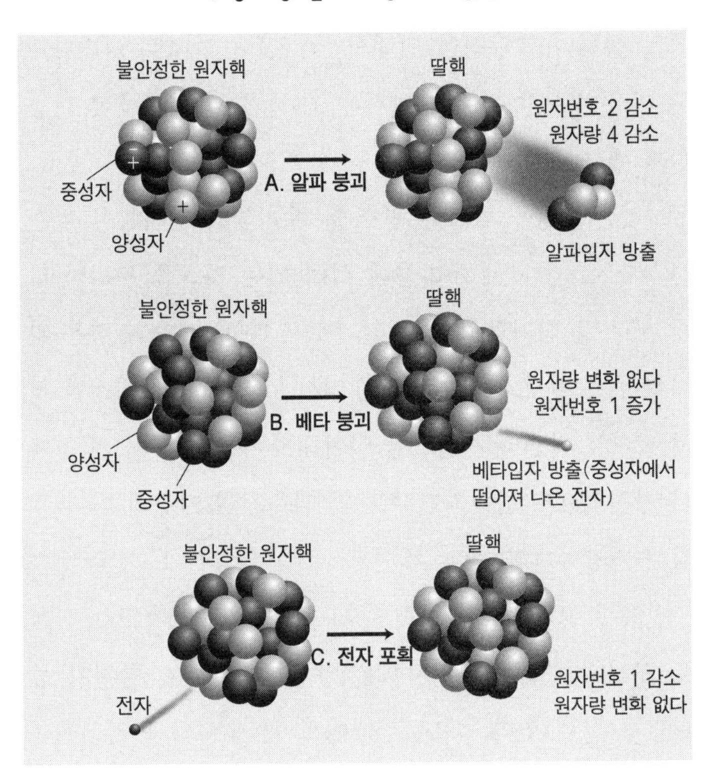

> **러더퍼드**(Ernest Rutherford, 1871~1937)
> 영국의 물리학자 · 화학자. 방사성 물질의 $\alpha \cdot \beta \cdot \gamma$ 선을 발견했다. 원자 붕괴설을 세우고 원자핵의 실험에서 원자 모형을 완성, 또 α선에 의한 최초의 원자핵 인공 변환에 성공하여 1908년 노벨 화학상을 받았다.

여기서 알파 붕괴란 러더퍼드에 의해 ^{4}He핵의 방출임이 확인됐으며, 베타 붕괴는 양 또는 음으로 하전된 전자임이 판명됐고, 또한 감마선은 전자기 복사임이 밝혀졌다.

가장 잘 알려진 우라늄의 붕괴을 살펴보자. 우라늄은 다음 그림과 같은 복잡한 과정을 거쳐 납으로 붕괴한다. 1g의 우라늄이 모두 납으로 되는 데 걸리는 시간은 얼마일까? 우라늄이 붕괴해 1/2g이 되는 데에는 약 45억 년이 걸린다. 그 나머지 1/2g이 다시 1/2로 되는 데에도 역시 45억 년이 걸린다. 이때 45억 년을 우라늄의 반감기라고 한다. 방사성 원소는 이처럼 반감기라는 이상한 나이를 먹는다.

‖ 우라늄의 붕괴 과정 ‖

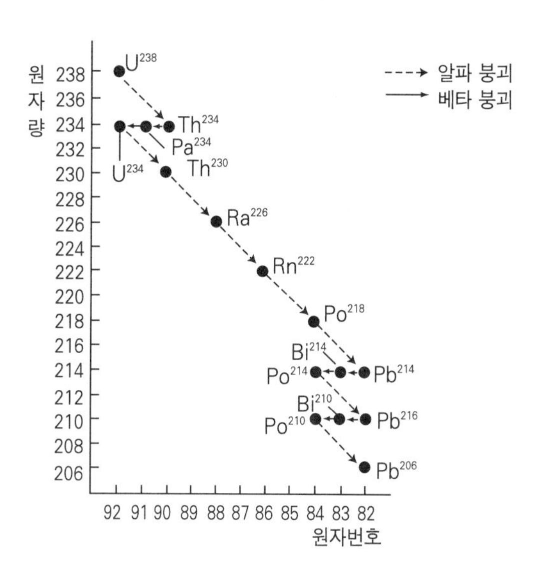

우라늄이 붕괴해 감소되는 양을 다음과 같이 나타냈는데, 이때 우라늄을 어미원소, 그 생성물인 납을 딸원소라 한다.

반감기는 방사성 원소가 붕괴해 처음 양의 절반이 되는 데까지 걸린 시간을 말한다. 그러면 1/2, 1/4…… 극미량의 우라늄이 남아도 역시 남은 양의 절반으로 되는 데에는 45억 년이 걸린다. 그러면 우라늄의 마지막 원자 2개가

단위량의 우라늄이 시간이 지남에 따라 붕괴하는 양

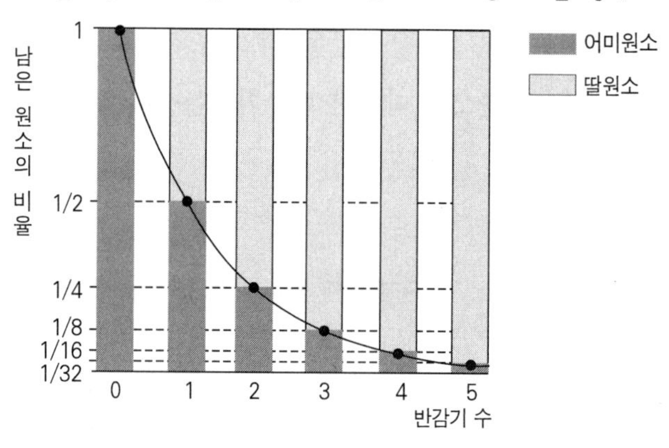

남았을 경우에도 1개가 붕괴해 1개 원자가 남는 데에도 45억 년이 걸릴까? 그러나 방사성 원소의 반감기는 원소에 따른 붕괴 확률로 계산된 것이므로 이처럼 통계적인 방법이 적용되기 어려운 경우에는 단언하기 어렵다. 즉 45억 년이 지나도 이들은 붕괴하지 않을 수도, 그보다 훨씬 짧은 시간이 경과한 후에 붕괴할 수도 있는 것이다.

다음 〈표〉는 여러 원소의 반감기를 나타낸 것이다.

절대 연대 측정에 이용되는 방사성 원소

방사성 원소	붕괴 후 생성 원소	반 감 기	원소를 포함한 광물
우라늄 ^{238}U	납 ^{206}Pb	약 45억 년	지르콘 · 우라니나이트
토륨 ^{232}Th	납 ^{208}Pb	약 140억 년	지르콘 · 우라니나이트
루비듐 ^{87}Rb	스트론튬 ^{87}Sr	약 470억 년	백운모 · 흑운모 · 사장석
칼륨 ^{40}K	아르곤 ^{40}Ar	약 13.5억 년	백운모 · 흑운모 · 각섬석
탄소 ^{14}C	질소 ^{14}N	약 5천7백 년	식물체 · 동물체

3. 방사성 원소의 붕괴 시간

방사성 원소의 붕괴 법칙을 이해하기 위해 여기 두 개의 상자에 주사위 200개와 100개를 각각 넣었다고 하자. 주사위 한 면에 *를 표시해 일정한 시간 동안 흔든 다음 *가 위로 향한 것을 붕괴한 것으로 가정하자. 단위 시간당 어느 것이 더 많이 붕괴하겠는가? 여기서 단위 시간당 붕괴수를 붕괴율(R)이라고 하면 물론 많은 양의 주사위가 들어 있는 상자에서 붕괴율이 클 것이다. 이처럼 방사성 원소의 붕괴율은 초기의 방사성 원소의 수(N)에 비례한다.

한편 이번에는 보통 6면체로 되어 있는 주사위와 8면체로 되어 있는 주사위가 두 상자에 100개씩 들어 있다고 하자. 마찬가지로 각 주사위의 한 면에 * 표시를 하여 일정한 시간 상자를 흔들고 *면이 위로 향한 것을 붕괴한 것으로 가정한다면 붕괴율(R)은 어떻게 될까? *가 나올 확률이 6면체는 1/6, 8면체 주사위는 1/8이므로 6면체 주사위가 든 상자에서 더 많은 붕괴가 일어날 것이다. 이처럼 방사성 원소의 붕괴율은 방사성 원소에 따라서 다른데, 이를 붕괴상수(λ)라고 한다.

여기서 주사위가 마지막 두 개 남았다고 하자. 이들이 모두 붕괴하는 데에는 시간이 얼마나 걸릴까? 어떤 사람은 동시에 두 개가 붕괴하고, 어떤 경우는 하루 종일 흔들어도 붕괴하지 않을 수도 있을 것이다. 붕괴율, 붕괴상수는 이처럼 통계적인 수치다.

4. 방사성 원소의 붕괴 법칙

방사성 원소의 시료 가운데 N을 어떤 시각에서 방사성 원소의 원자핵의 수라면 dt시간에는 dN만큼 감소될 것이다. 따라서 붕괴율 R은

$R=-\frac{dN}{dt}$이며 방사성 원소에 따라 붕괴하는 확률이 다를 것이므로, 어떤 방사성 원소의 붕괴상수를 λ라 하면 $R=-\frac{dN}{dt}=\lambda N$이고, 또한 방사성 원소가 N_0개일 때의 붕괴율을 R_0라 하면

$R_0=\frac{dN_0}{dt}=\lambda N_0$가 된다. 여기서 N_0를 t_0, N을 t 때의 원자핵수라고 할 때, 이를 적분하면

$$\int_{N_0}^{N}\frac{dN}{N}=\ell\text{n}\frac{N}{N_0}=-\lambda\int_{t_0}^{t}dt=-\lambda(t-t_0)$$

$\ell\text{n}\frac{N}{N_0}=-\lambda(t-t_0)\ \frac{N}{N_0}=e^{-\lambda(t-t_0)}$의 관계가 성립한다.

한편 원자핵의 개수와 붕괴율 R은 비례하므로

$\frac{R}{R_0} = e^{-\lambda(t-t_0)}$가 된다.

어떤 방사성 원소의 반감기를 T라면 반감기는 원자핵의 수가 처음의 1/2로 되는 데 걸린 시간이므로 $t-t_0=T$이며 $\frac{N}{N_0}=\frac{1}{2}$이므로 $\frac{N}{N_0}=e^{-\lambda \cdot T}$, $-\lambda \cdot T=\ell n\frac{1}{2}$, $\lambda \cdot T=0.693$이 된다.

따라서 어떤 방사성 원소가 수초에서 수일까지의 반감기를 갖는 경우에 여러 시간대에서 붕괴율 R을 측정하고 측정된 R에서 λ를 구할 수 있으므로 반감기 T를 알 수 있다.

예를 들어 처음에 1초당 500번의 붕괴수가 있는 방사성 원소가 한 시간 후에는 1초당 400번으로 줄어들었다고 할 때 이 물질의 반감기를 위 식에서 구해 보면

$\frac{R}{R_0}=e^{-\lambda(t-t_0)}$에서

$$\lambda=\frac{1}{t-t_0}\ell n\frac{R_0}{R}=\frac{1}{1.0}\ell n\frac{500}{400}=0.223$$

$$T=\frac{\ell n2}{\lambda}=\frac{0.693}{0.223}=3.1(hr)$$가 된다.

한편 반감기가 아주 긴 ^{238}U의 경우에는 근사적으로 구할 수밖에 없다.

5. 정체 불명의 상수 7.5×10^9

우라늄을 이용한 암석의 연대 측정에는 보통 우라늄과 생성된 납의 비를 측정해 7.5×10^9을 곱해 정하는 것으로 배우고 있다.

$$Age=\frac{M_{Pb}}{M_U}\times7.5\times10^9$$

여기서 7.5×10^9은 어디서 나온 것인가?

^{238}U가 t시간 동안 붕괴해 ^{206}Pb가 될 때 Nu'를 초기 우라늄의 원자핵수라면 dt시간 동안 붕괴하고 남은 우라늄의 원자핵수는 $Nu'\cdot e^{-\lambda t}$이므로 생성된 납원자핵수 N_{Pb}는

$$N_{Pb}=Nu'-Nu'\cdot e^{-\lambda t}=Nu'(1-e^{\lambda t})$$

한편 $\frac{Nu}{Nu'}=e^{-\lambda t}$이므로 $N_{Pb}=Nu(e^{\lambda t}-1)$

여기서 $\lambda t\ll1$이면 테일러 급수 정리에서

$e^{\lambda t}=1+\lambda t$이므로 $N_{Pb}=Nu'\cdot\lambda t$가 된다.

그러므로 우라늄과 납의 원자핵의 수의 비를 측정하면 경과한 시간 Age는 $Age=\frac{N_{Pb}}{N_U}\cdot\frac{1}{\lambda}$

반감기를 T라 하면 우라늄의 반감기는 45억 년이므로

$\lambda=\frac{0.693}{T}$에서

$$Age=\frac{N_{Pb}}{N_U}\times45\text{억 년}\times\frac{1}{0.693}=\frac{N_{Pb}}{N_U}\times6.5\times10^9$$

그런데 두 원소의 원자량이 각각 238, 206이므로 질량

비로는

$$Age=\frac{M_{Pb}}{M_U}\times\frac{238}{206}\times 6.5\times 10^9=\frac{M_{Pb}}{M_U}\times 7.5\times 10^9$$

가 된다.

6. 암석의 절대 연령 측정

암석의 연령은 방사성 원소를 추출, 반감기를 이용해 절대 연령을 측정하는데, 그 방법에는 다음과 같은 여러 가지가 있다.

■ U-Pb법 : 우라늄을 포함한 광물을 분석해 그 중에 들어 있는 우라늄에 대한 납의 양의 비를 측정하여 그 광물의 생성 시대를 알아낸다. 그런데 우라늄은 질량 번호가 238인 것 이외에 235인 것이 1/140 정도 들어 있다. ^{235}U는 원자탄의 제조에 쓰이는 우라늄의 동위원소로 7개의 α입자를 방출하고 ^{207}Pb로 변한다. 또한 우라늄과 종종 같이 들어 있는 ^{232}Th도 6개의 α입자를 방출하고 ^{208}Pb로 붕괴하며, 자연계에는 보통의 납인 ^{204}Pb도 있으므로 이들을 구별하지 않고 그대로 측정한다면 납의 양이 과다하게 측정돼 실제보다 오랜 것으로 측정된다. 그러나 다행히 질량 분광기를 발명, 질량 번호별로 납의 질량을 측정할 수 있게 돼 연대 측정이 가능해졌다.

이 방법은 $^{238}U-^{206}Pb$과 $^{235}U-^{207}Pb$의 두 가지 방법으로 동시에 측정할 수 있으므로 두 가지 방법에 의한 측정치가 일치되면 그 암석의 연령은 거의 정확한 것으로 여길 수 있다.

■ **K-Ar법** : 방사성 원소 ^{40}K는 ^{40}Ar으로 붕괴, 밖으로 방출돼 버리나 마그마가 식어서 암석으로 굳은 다음에 생성된 ^{40}Ar은 화성암 내에 축적되므로 ^{40}K의 양과 축적된 ^{40}Ar의 양을 측정하면 화성암의 연령을 측정할 수 있다. 이 방법으로는 화성암이 분출해 굳어진 후 10만 년 이상된 암석의 연령 측정이 가능해 ^{14}C방법으로 측정되는 최대 연수와 연결이 가능하게 됐다.

리비(Willard Frank Libby, 1908~1980)
미국의 화학자. 미국 원자력 위원. 방사(放射) 화학 분야에 많은 연구가 있으며, 방사성 탄소 ^{14}C에 의한 연대 측정법의 발견으로, 1960년 노벨 화학상을 수상했다.

■ **방사성 탄소법** : 1946년 리비에 의해 개발된 방법이다. ^{14}N는 우주선중의 중성자에 의해 ^{14}C로 변하는데 ^{14}C는 불안정해 전자를 방출하고 다시 ^{14}N가 된다.

그런데 살아 있는 식물체는 공기중의 CO_2를 흡수해 탄소동화작용을 한다. 그러므로 식물체를 이루는 탄소화합물 중의 방사성 탄소와 일반 탄소의 비가 공기중에 포함된 두 원소의 비와 같으나 생물체가 죽으면 시간이 지남에 따라 방사성 탄소의 양은 감소되므로 죽은 식물체 안의 ^{14}C의 양을 측정해 연대를 측정할 수 있다. 측정 가능한 연수는 4만 년 정도다.

암석 절대연령 측정의 방사성 탄소법

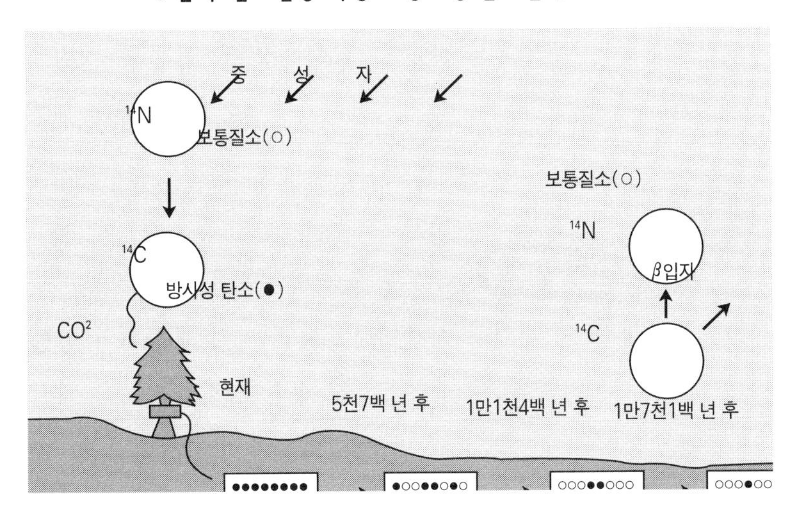

■ **분열 비적법** : 지르콘과 같은 광물 속에 들어 있는 우라늄이 붕괴하면 α입자를 방출한다. 방출된 α입자는 광물 속을 지나면서 통과한 자리에 비적(飛跡)을 남긴다.

광물에 나타나는 비적은 너무나 가늘기 때문에 산이나 알칼리 용액으로 처리해 비적을 넓혀 단위면적당의 수를 센다. 한편 이 광물에 들어 있는 우라늄의 양을 알기 위해 반응로에 넣어 중성자로 때려서 광물 속의 우라늄을 전부 분열하게 하고, 이때 방출된 α입자에 의해 형성된 비적을 센다. 이를 비교하면 지금까지 붕괴한 우라늄과 광물 속에 포함된 우라늄 총량의 비를 알 수 있으므로 수백 년의 연령에서 수십억 년까지의 연령 측정이 가능하다. 이 분열 비적법은 화산재가 굳어진 응회암의 연령 측정도 가능하

지르콘(zircon)
정방 정계(正方晶系)의 광물. 경도 7.5, 비중 4.7. 다이아몬드 광택이 있으며 무색 투명하고, 자외선을 비추면 누런 형광을 발한다. 화강암·섬장암 등의 부성분 광물로 산출한다. 오스트레일리아·실론 등이 주요 산지이다.

비적
고속의 하전입자가 통과하여 남긴 흔적.

다. 최근 아프리카에서 응회암층에 남겨진 인류의 발자국 화석도 이 방법으로 연대를 측정해 3백만 년 전의 것임을 밝힐 수 있었다.

생각할문제

아래 표는 대기의 상층에서 ^{14}N 원자가 중성자의 충돌로 ^{14}C로 변하여 $^{14}CO_2$로 된 후 식물체 내로 들어가 자연 붕괴하여 다시 ^{14}N으로 변하는 과정과 방사선의 본질 및 전하량을 나타낸 것이다.

대기중						식물체 내		
	중성자 충돌		산화		(가)		(나)	
^{14}N	→	^{14}C	→	$^{14}CO_2$	→	^{14}C 화합물	→	^{14}N
○		○		○		○		○

▮ 방사선의 종류와 특성 ▮

종류	본체	전하량	투과력	전리작용	전기장 영향
α선	He^{2+}	$+2e$	약하다	강하다	(-)극 쪽으로 휘어짐
β선	e^-	$-e$	중간	중간	(+)극 쪽으로 휘어짐
γ선	전자기파	0	강하다	약하다	직진

C와 N의 원자번호는 각각 6, 7이며, ^{14}C의 반감기를

5700년이라고 할 때, 다음 설명 중 옳은 것은 ?

① 17100년 경과하면, 죽은 식물체 내의 ^{14}C의 값은 $\frac{1}{6}$로 줄어든다.

② 중성자 충돌이 일어나면 원자번호가 1만큼 증가한다.

③ (나) 과정에서는 β 붕괴하여 양성자수가 1 증가한다.

④ (가) 과정은 식물의 호흡 작용이다.

⑤ ^{14}N과 ^{14}C는 서로 동위원소이다.

③

| 해 설 | 방사선에는 α, β, γ선이 있는데, α선은 헬륨 원자핵의 흐름이고, β선은 (-)전하를 띤 전자의 흐름이며, γ선은 전자기파의 일종이다. 한편 질량수는 양성자수와 중성자수의 합이 되며, 양성자수는 같으나, 질량수가 다른 원소를 동위원소라고 한다.

질량수는 양성자수와 중성자수의 합이므로 표에서 고공에서 중성자의 충돌로 ^{14}N에서 ^{14}C로 변했다는 것은 원자번호가 1 감소하였으므로 양성자 한 개가 중성자로 변한 것이 된다. 한편 식물체 내에서 자연 붕괴할 때에는 그 반대의 과정이 일어나므로 질량수는 변화 없고 원자번호가 1만큼 증가하게 된다.

식물체가 살아 있을 때에는 대기중의 $^{14}C/^{12}C$의 비율과 식물체내의 $^{14}C/^{12}C$의 비율이 서로 같을 것이지만, 죽은 식물체 내에서는 ^{14}C의 일방적 붕괴가 일어나므로 $^{14}C/^{12}C$의 비율이 점차 감소하게 되며 이 비율을 측정함으로서 절대 연대를 알 수 있다.

반감기란 모원소의 양이 1/2로 줄어드는 데 걸리는 시간이므로 반감기가 5700년인 ^{14}C는 17100년이 지나면 모원소의 양은 $\frac{1}{2}^{3}$ 로 줄어들 것이며, (가)의 과정은 이산화탄소로부터 탄화수소 화합물을 생성하는 과정이므로 식물체 내에서 일어나는 광합성 과정이다.

T·H·E·M·E 17

태양의 흑점

읽기 전에

태양의 흑점은 태양면에 보이는 검은 점을 말한다. 태양의 흑점은 거의 어느 때나 나타나기 때문에 오랜 세월 논란의 대상이 되어 왔다. 천체망원경으로 흑점을 살펴보면 중심에 아주 어두운 암부와 그 둘레에 덜 어두운 암부로 되어 있는 것을 알 수 있다. 이처럼 흑점이 검게 보이는 것은 흑점이 그 주변보다 온도가 낮기 때문이다. 이 장에서는 고대부터 지금까지 천문학자들의 호기심을 자극했던 태양의 흑점에 대해 알아보자.

1. 갈릴레이와 흑점

중국 고서에는 약 1천7백 년 전 중국 천문학자가 태양면에 있는 이상한 현상을 관측한 다음 기록을 남겼다.

'태양은 눈부신 붉은색이었고 불과 같았다. 태양 내에 3개의 다리가 있는 까마귀가 있고 그 모양은 뚜렷하고 분명했으며 5일 후에 없어졌다.'

이것은 아마도 이 천문학자가 태양의 흑점을 본 것을 기록한 것이라 생각된다.

이와 같이 태양에서의 신비한 현상은 고구려로 전해져 태양을 상징하게 됐으며, 이는 다시 일본으로 전해져 태양—광명을 연상해 까마귀를 길조로 여기게 된 것이 아닐까? 우리나라에서는 까치가 길조이지만 일본에서는 아직도 까마귀를 길조로 여기고 있다.

태양의 흑점은 태양면에 보이는 검은 점을 말하는데, 실제로는 흑점 자체가 검은 것이 아니라 주위보다 온도가 낮아 상대적으로 어둡게 관측되는 부분이다. 흑점은 영어로는 Sun Spot라 하는데 Spot의 사전적 의미는 ①점, 반점 무늬 ②더러운 자국, 얼룩 ③오명, 흠 등이어서 중국, 우리나라, 일본 등의 동양과는 달리 서양에서는 흑점을 신성한 것으로 여기기보다는 신성한 태양에 있는 오점 또는 흠으로 생각한 것 같다.

깜짝 과학 상식

우리나라 역사상의 천문 관측 기록
태양 활동과 지구 자기권의 반응을 나타내는 오로라 기록이 우리 역사에서 처음 나온 때는 고구려 시조 동명성왕 3년 (B.C. 35년)이다. '골령의 남쪽에 신비로운 빛이 나타났는데 그 빛이 푸르고 붉었다.'는 기록이 삼국사기에 전해온다. 이 기록을 필두로 조선 중기인 1747년까지만 해도 무려 700개 이상의 오로라 기록이 전해온다. 오로라 기록은 서양에서도 기원전 전부터 많은 기록이 전해오고 있다. 그러나 우리의 기록 수는 한 나라의 기록으로서는 비교할 수 없이 많은 것이다.

태양의 흑점에 대해 말할 때 갈릴레이를 빼놓을 수 없다. 1613년 갈릴레이가 망원경으로 태양을 관측했을 때 태양면에서의 흠집(Spot), 즉 흑점을 발견하고 매우 놀랐다. 왜냐하면 당시에는 고대 아리스토텔레스 이후 우주는 천상계와 지상계로 나누어져 있으며, 천상계는 완전하고 신성한 것이라는 생각이 지배하던 시기였기 때문이다.

갈릴레이는 망원경에 의한 지속적인 태양 관측으로 흑점이 동쪽에서 서쪽으로 가로질러 움직이는 것을 발견했으며, 뿐만 아니라 흑점이 서쪽 가장자리에 도달해서는 사라지고 다시 2주일쯤 후에 동일한 흑점이 동쪽 가장자리에서 다시 나타난다는 사실을 알아냈다.

갈릴레이는 흑점의 이와 같은 운동에서 흑점은 태양면에 있는 것이며, 가장자리에서 없어진 흑점이 약 2주 후에 다시 나타난다는 사실은 태양이 지구와 같이 자신의 축을 중심으로 약 4주 동안에 한 바퀴씩 자전하기 때문으로 생각했다.

깜짝과학상식

태양의 크기는?
태양의 지름은 약 140만 킬로미터이다. 따라서 태양은 지구보다 100배 크고, 목성보다는 10배 더 크다. 만일 태양을 오렌지와 같은 크기라고 가정한다면, 지구는 오렌지 주위를 10미터의 거리에서 회전하는 핀의 머리라고 할 수 있다. 지구는 태양에서 1억5천만 킬로미터 떨어져 있다. 이것은 기차로 간다면 약 170년이 걸리는 거리이다.

2. 흑점은 어떻게 생성되는가

그 후 망원경의 발달과 태양 흑점의 상세한 관측 결과 태양 표면에 나타나는 흑점이 위치에 따라 이동 속도가 다르다는 사실도 밝혀지게 됐다. 즉, 태양의 적도 부근에서는 이동 속도가 빨라서 약 25일 정도이며 극지방에서는 약 33일 정도였다. 이와 같이 흑점의 이동 속도가 위도에 따라 다르다는 사실은 태양 표면이 기체로 돼 있으며 적도 부근의 자전 속도가 빠른 것으로 설명할 수 있다.

태양 흑점의 이동

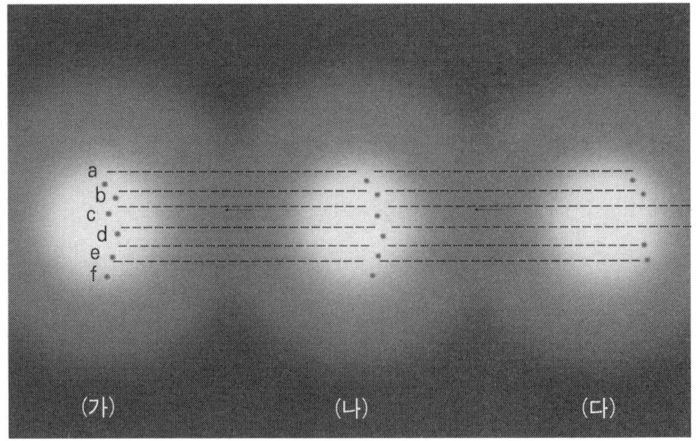

저위도에 나타난 흑점의 이동 속도가 빠르다.
(다)에서 c와 d는 어디로 간 것일까?

헤일(George Ellery Hale, 1868~1938)
미국의 천문학자. 윌슨 산 천문대를 창설, 스펙트로헬리오그래프를 발명했다.

광구(光球)
보통 육안으로 태양을 볼 때 둥글게 광채를 내는 부분. 이론적으로는 일광(日光), 즉 연속 스펙트럼을 복사하는 태양면의 가장 바깥쪽에 해당하는데, 두께 수백 킬로미터의 가스(gas)체로, 평균 온도는 약 6,000K이다.

1908년 미국 천문학자 헤일은 흑점 내에 강한 자기장이 있다는 것을 발견했는데, 흑점은 태양 자기장과 깊은 관련을 가지고 있다. 태양은 다른 별과 같이 강한 자기장을 가진 채 빠른 속도로 회전하는 천체다. 따라서 이들 자기력선은 때로는 소용돌이를 이루며 광구를 뚫고 나와 확장돼 우주 공간으로 고리를 형성하게 된다.

이러한 자기장의 소용돌이는 태양 표면의 밝은 가스를 주변으로 몰아내어 상대적으로 어두운 흑점을 만들게 된다. 태양 표면의 온도는 약 6천K 정도이지만 흑점은 이보다 낮은 4천~5천K 정도다. 온도가 낮은 부분은 상대적으로 에너지가 적게 방출되므로 우리에게는 검게 관측되는 것이다.

흑 점

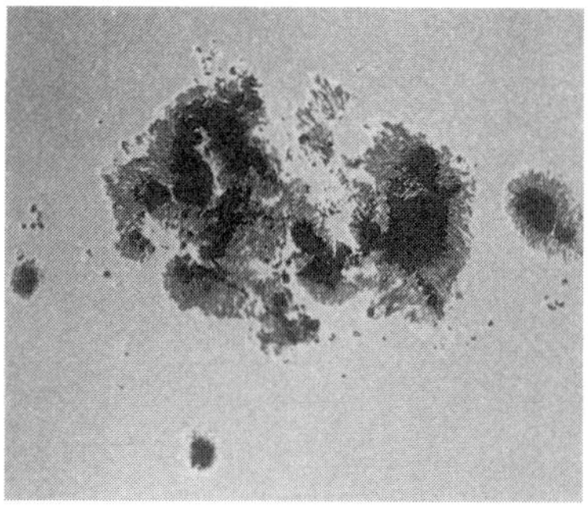

흑점의 가운데 검은 부분을 암부, 주변의 덜 어두운 부분을 반암부라 하며, 반암부에는 빗살 모양의 무늬가 관측된다. 흑점은 때로 암부 또는 반암부만 나타나는 경우도 있다.

3. 큰 흑점이 오래 산다

흑점은 태양 자기장과 밀접한 관련을 가지므로 일반적으로 쌍으로 나타나며, 태양 자기장의 변화와 함께 그 모양이나 크기가 다양하게 변한다. 흑점의 모양은 불규칙하며, 우리나라만한 크기에서 지구의 12배에 해당하는 크기의 흑점이 보고된 적이 있을 정도로 그 크기는 다양하다.

흑점은 그 크기가 클수록 사라지지 않고 오래간다. 수천 킬로미터 정도인 흑점은 수시간 만에 소멸하지만 수만 킬로미터 정도의 흑점은 수개월 동안 존재해 태양의 자전과 함께 서편 가장자리로 사라졌다가 동편 가장자리에서 다시 나타나곤 한다. 이와 같이 다시 나타나는 흑점을 회귀 흑점이라고 한다.

태양에 얼마나 많은 흑점이 나타나는가 하는 것을 우리는 흔히 흑점수로 표현한다. 그러나 여기서 천문지에 발표되는 흑점수가 태양 표면의 흑점의 실제 개수인 것으로 오해해서는 안 될 것이다.

4. 흑점수 헤아리기

흑점수는 보통 흑점 상대수(RSN:Relative Spot Number 또는 Zurich Number)를 말하는데, 흑점 상대수 RSN=〔10×g+n〕×k(k는 보정 상수, g:흑점군수, n:개개의 흑점수)로 나타낸다. 여기서 흑점군수에 10을 곱하는 이유는 흑점군이 단일 흑점보다 10배의 활동성이 있기 때문이다. 흑점군의 셈은 한 개의 흑점이 나타났을 경우에도 하나의 흑점군으로 보며, 두 개의 흑점이 쭉 연결돼 있다든지 반암부가 연결돼 있다든지 하면 한 개의 흑점군으로 취급한다.

여기서 보정상수 k는 취리히 관측소의 구경 3.5인치, 초점거리 110cm의 망원경을 기준으로 한 것이다. 처음 관측해 관측기기의 보정상수값을 모르는 사람은 k를 1로 하여 셈하고 천문 잡지에 발표되는 같은 날짜의 흑점수와 비교해 보정상수값을 정하면 된다.

취리히 천문대는 태양 관측으로 전통이 있으며, 현재도 흑점 상대수는 취리히 천문대에서 발표되는 값이 국제적으로 사용되고 있다.

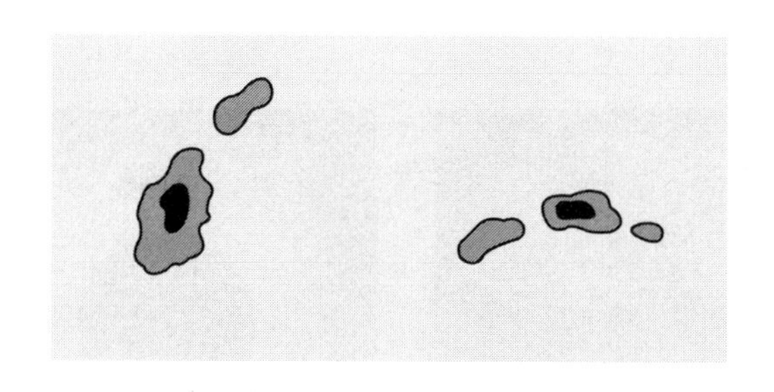

◆ 그림에서 흑점군수는 2개이며, 흑점수는 7개다. 개개의 흑점수 셈하는 방법은 천문대에 따라 약간씩 다르나 우리나라에서는 취리히 분류법에 따라 반암부와 암부는 각각 1개로 셈하며, 반암부만 독립적으로 나타난 경우에도 1개로 셈한다. 따라서 흑점 상대수
RSN = 10×g+n
= 10×2+7
= 27(개)

5. 흑점수 — 태양의 마음

미국 콜로라도에 있는 우주환경서비스센터인 NOAA에서는 태양의 흑점들을 1년 365일, 1일 24시간 내내 관측하고 있다. 지구 궤도를 도는 위성은 물론 전세계의 천문대에서도 흑점 관측을 수행해 흑점수, 크기, 흑점군수 등의 정보를 교환하고 있다.

지구로부터 1억5천만 킬로미터 떨어진 태양의 오점을 조사해서 무엇을 하겠다는 것일까? 사실 흑점 자체는 우리에게 영향을 주지 못한다. 그러나 흑점을 만드는 자기장은 매우 강력하고 불안정해 흑점이 많을 때는 태양 표면의 자기장의 폭발 현상인 플레어, 홍염 등이 자주 나타나며, 코로나의 크기가 커진다.

태양 표면에서 일어나는 자기장 폭발은 태양의 중력에 잡혀 있던 이온화된 가스를 일시에 우주 공간으로 방출하

플레어
자장의 에너지를 갑자기 방출시키는 폭발 현상. 기존의 흑점군에 새로운 흑점군이 나타나거나 흑점이 이동을 시작함에 따라 코로나 안의 자장에 뒤틀림이 생겨 자장의 2배가 일정한 한계를 넘으면 급속하게 불안정하게 되고 난류 상태가 발생하면 전기저항도 급속히 커져서 에너지가 폭발적으로 방출된다.

홍염
태양 표면의 자기장을 따라 만들어진 줄무늬처럼 보이는 고온의 가스로, 수십만 킬로미터의 높은 상층까지 솟아오르는 격렬한 기체의 운동이다.

| 홍 염 |

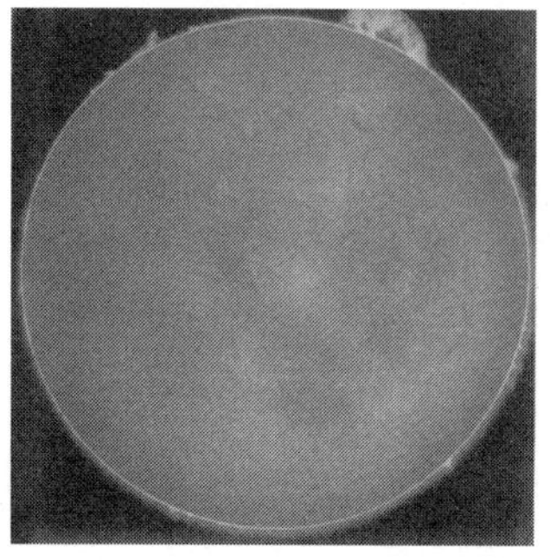

태양 주변에 솟아오른 불기둥이 홍염이다.

| 코로나 |

코로나는 개기 일식 때에 관측할 수 있다. 천문대에서는 인공적으로 태양의 중심부 밝은 부분을 가려 코로나를 관측한다.

는데, 이때 방출하는 에너지는 수소폭탄 1천만 개에 해당하는 엄청난 에너지다. 방출된 입자들이 수시간 또는 이틀 정도 걸려 지구에 도달하면 자기 폭풍, 오로라(극광) 등이 일어나게 된다.

자기 폭풍
지구상의 자기장이 지구 전체에 걸쳐서 거의 같은 시간에 크게 변동하는 현상. 통신 장애를 준다. 태양의 흑점·오로라의 출현 등이 그 주요한 원인이다.

자기 폭풍이 일어나면 송전선이 격동돼 발전소가 망가지고 전화와 무선 통신도 일시적으로 교란되며, 항공기의 나침반도 엉뚱한 방향을 가리키게 되는 등의 사고가 일어나게 된다. 결국 우리는 태양 흑점을 관측함으로써 그에 수반되는 태양 활동 상태를 간접적으로 알려고 하는 것이다.

관측에 의하면, 흑점수는 주기적으로 증감한다는 사실이 알려져 있다. 독일의 천문학자 슈바베는 흑점수의 변화 양상을 알아내기 위해 17년 동안 흑점만 관측했다. 결국

1843년 그는 흑점수가 11.2년을 주기로 증감한다는 사실을 발견했다. 그 후 좀더 상세한 연구에 의해 흑점수는 짧을 때는 7년, 길 때는 17년을 주기로 변화하며 여기에 다시 22년, 200년, 1만 년 등의 주기가 있다고 주장되고 있다.

다음 그림은 17세기 갈릴레이 이후 현재까지 문헌과 세계 천문대의 관측 자료를 토대로 흑점수와 그 주기를 나타낸 것이다.

흑점수와 흑점주기

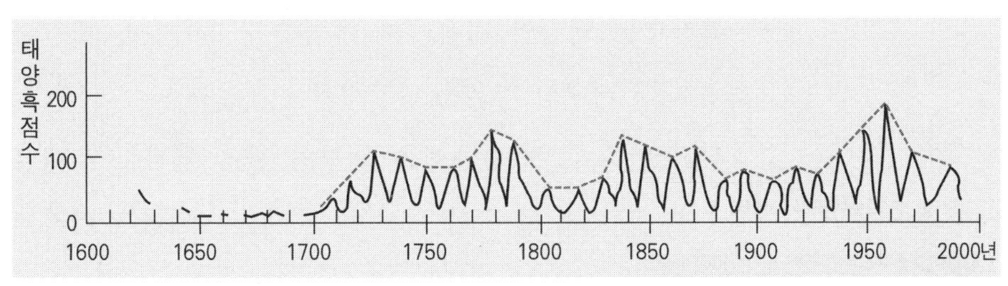

흑점수가 많을 때를 흑점의 극대기, 적을 때를 흑점의 극소기라고 한다. 점선은 극대기의 흑점수가 주기적으로 변화하는 것을 나타낸다.

6. 흑점수와 지구의 기후

위의 그림에서 1650~1700년에 이르기까지 흑점수가 매우 적음을 알 수 있는데, 아마 대부분은 당시 관측 기술의 미흡에서 비롯된 것으로 여길 것이다. 즉, 망원경이 발달하지 못한 당시에는 흑점이 출현했으되 관측하지 못했을 것이라는 것이다. 많은 과학자들도 이와 같이 생각하며 이를 별로 관심 있게 보지 않았다.

그러나 미국 천문학자 에디는 흑점의 출현과 오로라가 관련이 있음에 착안해 1645년에서 1715년에 이르기까지 오로라의 출현 횟수를 문헌 등을 이용해 조사해 보았다. 그 결과 이 시기에는 오로라의 빈도도 현저히 적었으며, 이 시기가 유럽의 소빙하기(기온이 특히 낮았던 시기)에 해당한다는 사실을 보고해 학계에 비상한 관심을 불러 일으켰다.

흑점수는 태양의 마음이며 흑점수가 많아지면 태양이 화가 나서 지구의 기온을 냉각시키는 것일까?

1880년대 후반 파우렐은 흑점의 관측 결과를 토대로 이제 얼마 안 가서 심한 가뭄이 있을 것이라고 예언했는데, 당시 그의 예언은 무시됐다. 그러나 1890년에 실제로 가뭄이 일어났으며, 그 후 1912년, 1953년, 1976년에 전 지구적인 가뭄이 일어났다. 이러한 가뭄은 흑점의 극소기에 일어나며, 또한 매 격주기(약22년)와 관련이 있는 것처럼 보인다.

전나무의 나이테

나이테의 간격이 좁은 부분을 찾아보자.

일련의 과학자들은 흑점수와 가뭄의 관련성을 알아보기 위해 미국 서부의 오래된 전나무를 조사했다.

가물 때 성장한 전나무의 나이테는 좁을 것이며, 강수량이 많으면 충분히 성장해 나이테의 간격이 넓어질 것이므로 과거 지구 기후를 잘 기록한 기상 자료이다.

이와 같은 연구 결과를 통해 적어도 지난 270년 동안에 22년 주기의 가뭄이 나타난다는 결론을 얻었다. 이것은 흑점 주기인 11년과 관련이 있는 것으로 생각되고 있다.

그러나 태양의 흑점수와 가뭄 사이에는 복잡하고 미묘한 관계가 있다는 과학적 사실만 알려졌을 뿐 아직 구체적으로 흑점수 또는 태양 활동이 어떤 과정을 거쳐 지구에 가뭄이 일어나게 하고, 기온을 변하게 하는지 알려져 있지 않다. 이것은 태양의 마음인 흑점수를 계속 연구함으로써 밝혀지리라 생각한다.

7. 흑점을 보자

태양 흑점에 좀더 친숙해지기 위해서는 이제 흑점을 관측해 보는 일만 남았다. 눈부신 태양을 맨눈으로 볼 수 있을까? 더구나 빛을 모으는 망원경을 그저 태양 쪽으로 향해 관측한다면 귀중한 보배인 눈을 잃게 돼 영영 흑점을 보지 못하게 된다.

우선 주변의 철물점에서 용접용 유리를 구하면 간단히

태양을 관측할 수 있다. 용접용 유리는 철공소에서 용접할 때 방호용으로 얼굴에 쓰는 철가면(?)의 앞창에 붙이는 유리를 말한다. 이것으로도 일식, 지평선 부근의 태양이 이지러지는 모습 등을 훌륭히 관측할 수 있다. 물론 운이 좋으면(맨눈으로 보일 정도의 흑점이 출현하면) 흑점도 볼 수 있다.

본격적인 흑점 관측을 위해서는 천체망원경을 이용해야 한다. 태양빛은 너무 밝기 때문에 천체망원경에 의한 관측에도 아이피스나 대물렌즈에 필터를 끼워 관측하는 직시법과 스크린에 태양의 투영상을 비쳐 관측하는 투영법이 있다.

생각할 문제

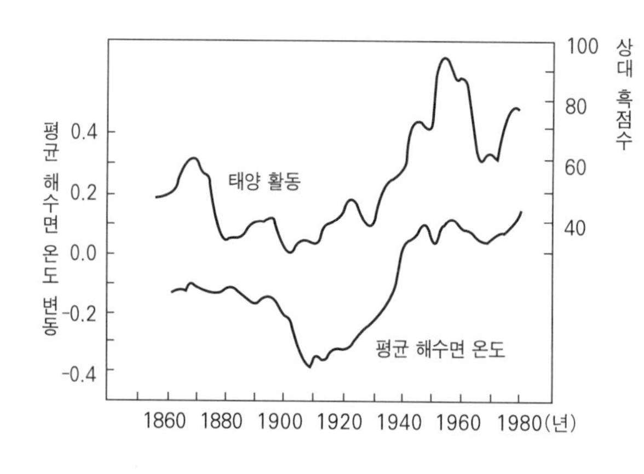

태양 활동이 활발할 때에는 흑점이 많이 나타나기 때문에, 흔히 태양 활동을 나타내는 지표로 상대 흑점수를 사용한다. 그림은 연도에 따른 상대 흑점수와 평균 해수면 온도의 변화를 나타낸 것이다.

다음 〈보기〉에서 그림을 옳게 해석한 것을 모두 고르면?

보기

ㄱ. 태양의 활동이 활발할 때 지구의 평균 기온이 높아진다.

ㄴ. 최근 지구 평균 기온은 대체로 상승하는 경향이 있다.

ㄷ. 상대 흑점수가 많을 때 태양 복사에너지는 감소한다.

① ㄱ ② ㄴ ③ ㄷ

④ ㄱ, ㄴ ⑤ ㄴ, ㄷ

④

| 해 설 | 자료에서 태양 흑점수와 해수면의 평균 온도 변화는 비슷한 경향을 나타내는 것을 알 수 있다. 한편 지표는 70% 이상이 해수면으로 이루어져 있으므로 해수의 온도 상승은 지구의 평균 기온의 상승으로 여겨도 된다. 따라서 태양 활동이 활발하면 지구의 평균 기온이 높아진다고 해석할 수 있다. ㄷ에서 태양 활동이 활발할 때에는 태양 복사에너지의 양이 소량이지만 증가하는 것으로 관측되었다.

T·H·E·M·E 18

달의 크레이터

읽기 전에

천체 망원경이나 쌍안경으로 달을 보면 원형의 구덩이들을 볼 수 있다. 직경 20km가 넘는 것 등 달에는 이러한 구덩이가 3천여 개 정도 있다. 아폴로 탐사로 인간이 달에 다녀왔지만 지상에서 보이는 달의 크레이터들은 아직도 인간의 호기심을 자극하기에 충분하다. 이 장에서는 달의 표면에 보이는 크레이터에 대해 알아봄으로써 달의 비밀을 하나씩 밝혀내고자 한다.

천체 망원경이나 쌍안경을 구입한 사람 대부분이 하늘을 관측할 때 처음으로 보는 천체는 아마도 달일 것이다. 이처럼 달은 밤하늘에 밝게 떠서 위치를 옮겨다니며 그 모양이 변화해 우리의 호기심을 자극하기에 충분하다.

1. 갈릴레이와 달

1609년 파노바 대학 수학 교수였던 갈릴레이는 네덜란드 사람이 유리를 갈아서 만든 기구를 이용해 먼 곳에 있는 물체를 가까이 볼 수 있다는 소식을 듣고 곧 배율이 33배가 되는 정교한 천체 망원경을 만들었다. 당시 망원경은 대부분 장난감이나 전쟁용으로 쓰였을 뿐 하늘을 관측하려고 시도한 사람은 없었다.

갈릴레이도 보통 사람처럼 그가 자작한 천체 망원경으로 달을 관측했다. 달 표면을 관찰했을 때 그는 달 표면의 지형이 그가 늘 보던 풍경과 너무 다르다는 사실에 동요됐다. 달 표면은 온통 원형의 움푹 파인 지형으로 덮여 있었던 것이다.

당시 생각으로는 우주는 천상계와 지상계로 구분돼 있으며 천상계는 완전한 것으로 생각했는데, 달의 모습은 천상계가 완전 무결한 것이 아니라는 생각을 갖게 하기에 충

깜짝 과학 상식

별도 죽는다?

별이 수소 원자의 형태로 처리하는 에너지도 무한한 것은 아니다. 수십억 년이 지난 언젠가가 되면 별은 연료를 다 소모하게 된다.

죽음에 다다른 별은 마지막으로 '적색 거성'으로 팽창했다가 '백색 왜성'으로 수축한다. 그러면 별 내부의 물질들은 매우 조밀해진다. 백색 왜성 한 잔 분량은 열차 한 대와 같은 무게가 나간다.

분했던 것이다. 갈릴레이는 이를 토대로 관측을 계속해 은하수 관측, 태양 흑점 관측, 목성의 위성 발견, 금성의 위상 변화 관측 등으로 천동설에서 지동설로 이어지는 가교를 마련했다.

2. 크레이터의 기원

갈릴레이가 관측한 원형의 구덩이를 '크레이터'라 하는데, 그 어원은 그리스어로 컵 또는 공기(그릇)라는 뜻의 '크레타르'에서 유래했다. 크레이터의 모양이 컵모양과 흡사한 데서 기인한 것으로 생각된다.

갈릴레이가 달 표면을 관찰한 이후 달 표면이 이처럼 지구의 지형과 다른 이유에 대해 많은 논쟁이 계속됐다. 그것은 크레이터가 분화구라는 설과 운석 구덩이라는 두 가지 설이었다. 우리나라 교과서에서도 한때 달의 이러한 모양의 명칭을 분화구라 부르기도 했다.

운석 충돌설을 주장한 대표적인 사람은 대륙이동설을 주장한 독일의 베게너였다. 그는 달 표면의 크레이터는 운석이 달의 표면에 낙하해 그 충격으로 구덩이가 형성됐다고 했다.

그러나 20세기 후반에 이르기까지 운석 충돌설의 최대

약점은 달 표면의 크레이터가 모두 원형을 이루고 있다는 점이었다.

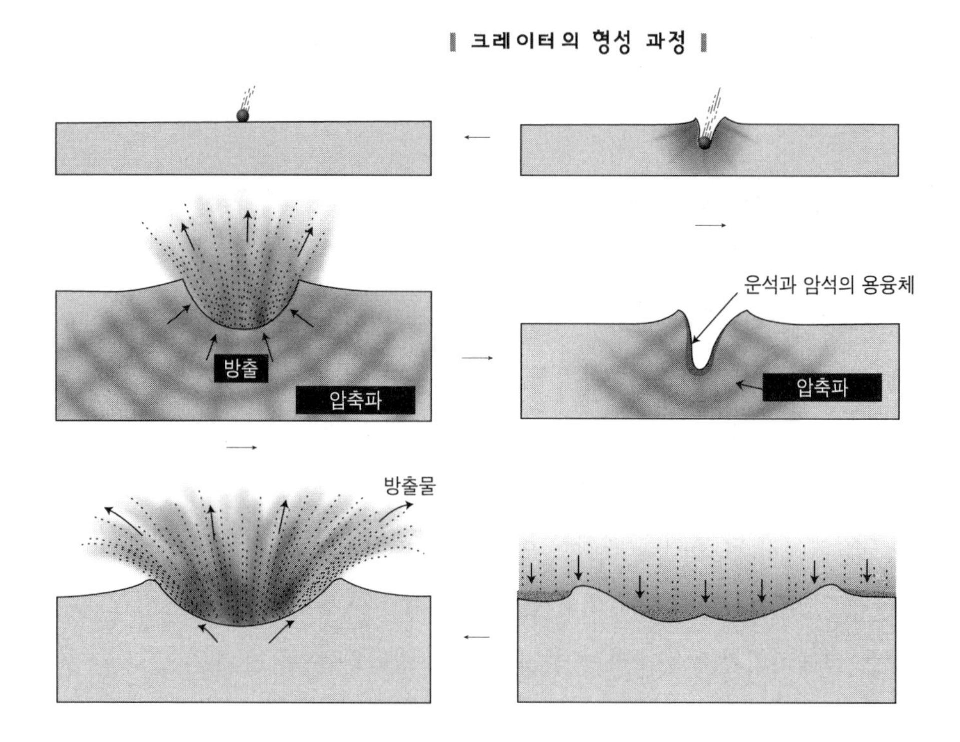

‖ 크레이터의 형성 과정 ‖

이것은 크레이터가 충돌에 의해 만들어진다면 운석이 달 표면에 떨어지는 각도에 따라서 여러 형태가 돼야 한다는 것이다. 예를 들어 비스듬히 떨어진다면 타원형이 될 것으로 생각한 것이다.

그러나 모든 크레이터는 거의 원형을 이루고 있다. 그러면 모든 운석은 달 표면에 거의 직각으로 떨어져 크레이터가 형성됐다는 것이 되는데, 이와 같은 상황은 기대하기 어렵다.

또 하나의 약점은 달 표면에서 크레이터의 분포가 고르지 않다는 점이다. 이것은 달 표면 중 일부 지역에만 집중적으로 운석이 낙하했다는 것이 되므로 충분한 설명이 되지 않는다. 바로 이와 같은 사실들이 화산설을 주장하는 사람들의 주 공격 목표가 돼 왔다.

그러나 지금부터 약 30년 전 화약을 폭발시켜서 인공 크레이터를 만들어 그 모양이나 방출물을 조사한 실험과 대형 충돌총을 사용한 실내 실험으로 그 논쟁의 종지부가 찍혔다.

충돌총을 사용한 실내 실험 결과 예상과는 달리 충돌 각도와 크레이터 모양의 관계는 충돌각이 극히 작은 약 5도 이하의 경우를 제외한 모든 경우에 원형을 이루고 있음이 밝혀졌다.

또한 인공 크레이터의 방출물 분포가 달 표면에서 관측되는 방출물 분포와 꼭 일치하는 것도 알려지게 돼 달 표면의 크레이터는 운석 충돌에 의해 형성된 것임을 증명하게 된 것이다. 물론 일부는 화산 작용의 결과로 생성된 분화구도 있으며, 화산 작용의 흔적도 발견된다.

깜짝과학상식

새로운 별은 계속해서 태어날까?

우리 은하에서는 18일마다 새로운 별이 태어난다. 성운이 서로 뭉쳐지면서 별이 발생하는 것인데, 성운의 내부가 압력으로 점점 뜨거워지다가 6백만 도쯤에 다다르면 원자 반응, 즉 '핵융합'이 발생한다. 이때 원자 2개가 하나로 융합하면서 거대한 에너지가 생성된다. 그리고 별은 빛과 열을 발산한다.

3. 달에서의 화산 작용

1879년 영국 천문학자인 조지 다윈은 달은 지구에서 떨어져 나온 한 조각이며 그 흔적은 지구의 태평양이라고 주장했다. 이러한 생각은 현대인들이 볼 때 허황된 듯 보이지만, 당시에는 달은 지구 질량의 1%에 불과하며 태평양의 크기만큼에 해당된다고 믿었으므로 상당히 흥미로운 주장으로 여겨졌다. 그러나 천문학의 발달로 달의 기원에 대한 이러한 생각은 받아들여지기 어렵게 됐다.

허셜(Herschel, 1738~1822)
영국 천문학자. 반사경을 만들어 2500여 개의 성운(星雲), 800여 개의 이중성(二重星)을 발견하고, 1781년에 천왕성(天王星)도 발견하였다.

1958년 11월 3일 러시아 천문학자 코레지프는 알퐁서스 크레이터에서 붉은 지점을 발견했다. 뿐만 아니라 1780년 허셜이 달에서 붉은 점을 보았다고 기록한 적도 있다. 코레지프의 분광기에 의한 관찰은 가스와 먼지가 방출되는 것이 분명한 것으로 인정되며, 그 때 이후로 다른 붉은 점들도 일시적으로 보였고 그것은 때때로 화산 활동이 발생했음이 분명함을 보여주었다. 1964년 12월의 개기일식 동안에는 300개의 크레이터가 주변보다 더 뜨겁다는 것이 발견됐다.

달은 지구와 거의 동시에 생성된 것으로 생각된다. 지구의 생성과 마찬가지로 원시 태양계에서 미행성들의 응집에 의해 달과 지구가 거의 동시에 생성된 것을 인정하면 수많은 미행성들의 낙하로 달의 표면은 뜨거워졌을 것이며 표층부가 점차 식어서 지각이 형성되었다고는 해도 달의 내부에 잠재된 열은 화산의 형태로 방출됐음을 부인하기 어렵다.

‘비의 바다’에 나타난 용암이 흐른 흔적

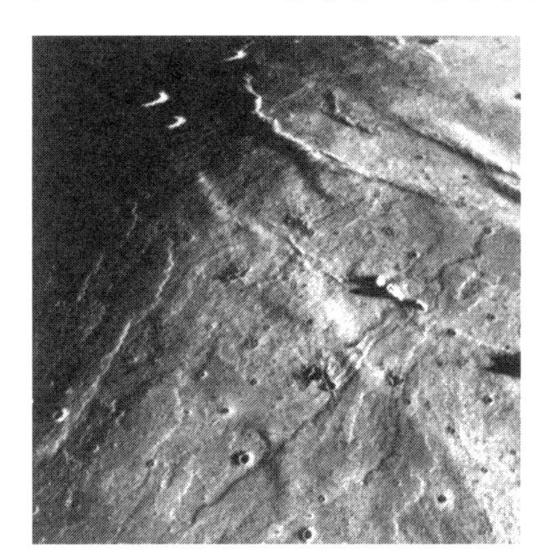

현재 발견되고 있지는 않지만 달의 역사 중 과거 한때에 화산 작용이 있었음은 확실하다. 관측에 의하면 크레이터 중 여러 개가 일렬로 늘어선 것, 정상부에 화구와 같은 함몰지가 있는 것, 계단식 내벽을 가진 것 등은 크레이터의 기원이 화산 작용의 결과라는 것을 잘 설명해 준다. 현재 관측되는 지형 중에는 용암의 흐름에 의해 형성된 지형도 보이고 있다.

4. 크레이터와 마리아

달 표면에서 어둡게 관측되는 부분을 바다 또는 마리아(Maria)라고 부른다. 그러나 이곳은 지구의 바다와 같이 물로 채워져 있는 것이 아니고 이미 3억 년 전에 거대한 운석에 의해 크레이터가 형성되며 지각에 균열이 가게 하고 그 틈을 따라 분출한 현무암으로 채워져 평평하게 된 지대이다. 이곳에도 크레이터가 보이는데, 이것은 화산 작용 이후 운석에 의해 형성된 것이다.

‖ 바다의 형성 ‖

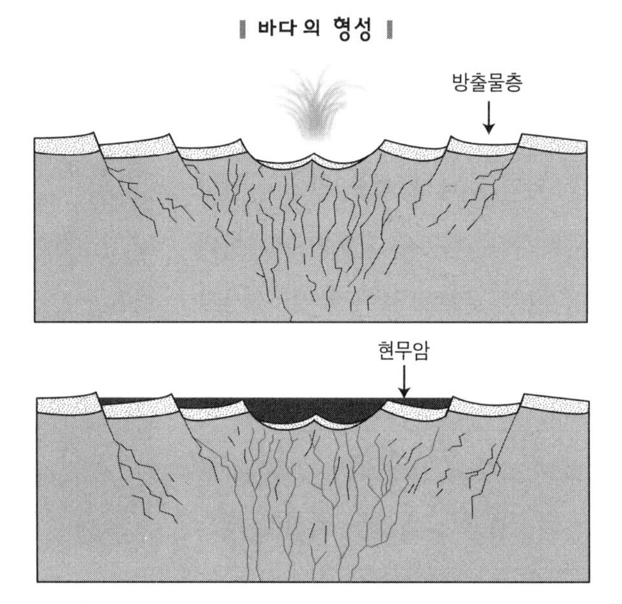

달의 바다에 비해 비교적 높은 고지대는 수많은 크레이

터로 덮여 있는데, 이곳은 다른 부분보다 밝게 관측된다. 크레이터의 크기는 직경 200km 이상이 7개, 150km 이상은 14개, 100km는 38개 정도이며, 크레이터의 총수는 그 크기를 dkm라 하면 약 $300000/d^2$개 정도가 된다고 한다. 예를 들면 직경 10km 이상 되는 크레이터의 총수는 대략 $300000/10^2=3000$개 정도가 되는 것이다.

관측된 700여 개의 크레이터에는 역사상 유명한 천문학자의 이름이 붙어 있는데 티코, 코페르니쿠스 등이 그것이다. 크레이터의 주벽은 높이 3~4km에 달하며, 높은 것은 9km에 이르는 것도 있다. 또한 달에는 알프스, 알타이 등 지구상의 산맥 이름이 붙은 산맥이 있는데, 이들은 높이 수킬로미터, 길이 수백 킬로미터에 이르는 거대한 것도 있다.

크레이터의 주변에는 사방으로 뻗은 방사상의 줄무늬가 보이는데, 이를 광조(Crater rays)라 한다. 티코 브라헤, 코페르니쿠스 크레이터 등의 광조가 가장 잘 보이는데, 광조는 길이 2천4백km가 되는 것도 있으며, 폭은 10~50km 정도다.

▮ 코페르니쿠스 크레이터의 광조 ▮

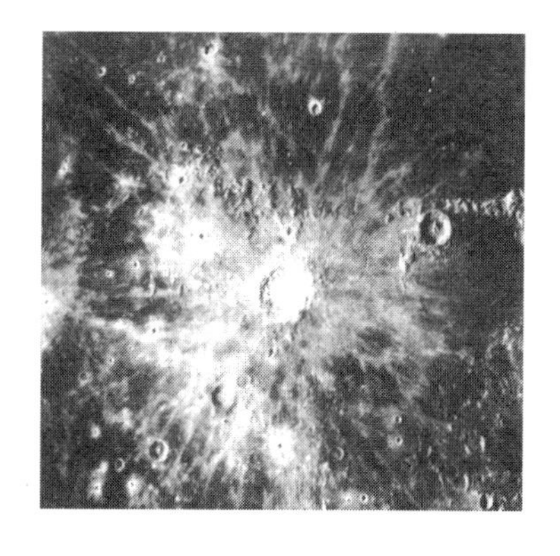

달 표면은 작은 망원경이나 쌍안경을 이용해도 잘 관측된다. 만월을 피해 달을 망원경으로 관측하면서 밝고 어두운 부분, 크레이터의 분포와 모습, 광조 등을 스케치해 보

자. 달은 월령과 스케치한 자료를 이용해 월면도를 참고해 지명을 알아본다든지, 크레이터의 그림자를 이용해 그 높이나 깊이를 측정하는 등으로 흥미있게 관측할 수 있는 좋은 대상이다.

5. 아폴로 탐사 이후 증거들

▮ 우주 비행사들은 무선 전신 없이도 달에서 대화할 수 있을까?
달은 대기를 가지고 있지 않다. 그렇기 때문에 음파를 전할 수 있는 매개체가 없다. 그래서 달에는 절대적인 고요만 흐르고 있다. 그러나 우주 비행사들이 헬멧을 맞대고 있는다면, 서로 대화할 수 있을 것이다. 그들은 헬멧을 통해서 소리를 전달하는 것이다.

1969년 아폴로 계획에 의해 운석 충돌설을 지지하는 수많은 증거가 제공된 것은 말할 필요가 없다. 그 증거들을 나열하면 다음과 같다.

■ 크레이터의 모양은 원형이며 대칭성이 좋다. 게다가 방출물의 분포가 방사상으로 퍼져 있다. 이러한 특징은 이 지형의 기원이 비교적 작은 영역을 중심으로 일어난 현상과 관련돼 있음을 보여준다. 만약 화산 폭발이나 마그마 유출에 의한 함몰 지형이라면 부근 지질구조의 크기나 모양과 밀접한 관련이 있어야 할 것이다.

■ 크레이터의 주위에는 광조와 같은 다량의 방사상 물질이 분포한다. 이러한 사실은 크레이터 형성이 함몰에 의해 생긴 것이 아님을 말해준다. 또한 수천 킬러미터나 떨어진 장소에 방출 파편에 의한 2차 크레이터가 형성되는 것은 방출 파편이 달의 탈출 속도에 거의 가까운 속도로

방출돼 멀리까지 날아간 것으로, 이론적인 계산 결과와도 잘 일치한다.

■ 2차 크레이터가 선상으로 이어지는 특수 지형은 실내 충돌 실험에 의해서도 재현할 수 있다.

■ 크레이터 모양은 지구상의 충돌 크레이터와 비슷한 것이 많다. 예컨대 크레이터의 중앙부에 존재하는 중앙봉 또는 크레이터의 모양을 결정하는 요소, 즉 가장자리의 높이 H와 크레이터의 깊이 d, 또는 가장자리의 폭 W와 크레이터의 지름 D의 비율 등은 화산의 분출과 운석의 충돌에 의한 경우에 서로 다르게 된다.

실험에 의하면 충돌 기원의 경우 W/D〈 ~0.49, H/d〈 ~0.93이며, 분화의 경우에는 W/D〉~0.49, H/d〉~0.93으로 다르므로 서로 구별할 수 있다.

■ 크레이터 밑바닥의 고도는 대체로 주위의 지형보다 낮은 것이 일반적인데, 화산 지형의 경우에는 대체로 주위보다 높다.

■ 크레이터의 크기와 개수의 관계를 보면 크기가 1자릿수 늘어날 때마다 개수는 2자릿수 감소하는데, 이것은 태양계에 존재하는 운석의 크기에 따른 개수 분포와 일치한다.

■ 달의 바다나 고지에는 압력 변성도가 높은 유리질 물질이 널리 분포해 있다. 그 생성에 필요한 고압은 화산 기

깜짝과학상식

▮ 소행성은 모두 몇 개?

소행성들은 띠를 이루어 태양 주위를 도는 작은 행성들이다. 어림잡아 그 수는 4만 개에 이른다. 소행성들 중에서 크기가 큰 것들은 이름을 가지고 있다. 그 중 세레스는 직경이 약 1,000킬로미터 정도 된다. 소행성들은 폭발한 행성의 잔해 또는 미처 행성이 되지 못한 미행성들인 것으로 보인다.

원으로는 설명할 수 없다.

■ 현재도 태양계에는 지구나 다른 행성 또는 달에 충돌하는 수많은 작은 천체, 즉 유성이나 운석이 존재한다. 그 수는 과거로 거슬러 올라갈수록 많았다. 달에는 지구와 같은 풍화와 침식작용이 없기 때문에 오래전의 모습을 그대로 간직하고 있음을 고려하면 운석의 충돌에 의해 만들어지는 크레이터의 개수가 많아도 이상하지 않다.

6. 운석 충돌의 관측

영국 캔터베리의 중세 연대기에 월령 1.5일의 달이 둘로 갈라졌다는 다음과 같은 기록이 있다.

"……1178년 6월 28일 초승달 빛은 밝았다. 그 달의 상반 부분이 둘로 갈라졌으며 분열된 중심에서 횃불과 같은 불꽃이 너울거리며 올라가고 화염과 불티와 스파크가 튀었다. ……이러한 현상은 12회 이상이나 반복해서 일어나고 그 때마다 여러 모양의 불꽃이 돌발적으로 생겼고 잠시 후 평상으로 되돌아왔다……."

이 기록을 찾아낸 하퉁이라는 천문학자는 이 충돌에 의해 생성된 것으로 생각되는 크레이터를 찾기에 열중해 동경 103도, 북위 36도에 위치하는 지름 20km의 '졸다노

부루노' 크레이터를 기록에 나타난 충돌의 결과로 생성된 것이라 했는데, 직경 수십 킬로미터의 뚜렷한 광조와 크레이터의 가장자리가 날카로운 형상을 하고 있는 등 비교적 최근에 형성된 것으로 믿어지고 있다.

미국 애리조나 주에 있는 바링거 운석구덩이

지구상에도 충돌 기원의 크레이터가 70여 개에 달하고 있다. 그 중 유명한 것은 미국 애리조나 주의 바링거 운석구덩이로 초기에는 사화산으로 생각했으나 채광기사인 바링거에 의해 표면이 수천 톤의 철질로 뒤덮여 있음이 밝혀져 운석 충돌에 의한 것으로 판명됐다.

정밀한 탐사에 의해 이것은 2만5천 년 전에 직경이 약 45m인 철질 운석에 의해 형성된 것으로 밝혀졌다.

지구상에는 운석에 맞아 가슴에 상처를 입은 사람이 한 사람 있다고 한다. 운이 좋은 사람일까, 아니면 억세게 운이 없는 사람일까. 그렇다면 달의 화산 분출을 관측한 사람은 운이 좋은 사람일까.

소행성이나 혜성의 이름에는 아마추어 천문가들의 이름이 붙어 있는 것이 많다. 큰 관측소의 천체 망원경들은 그들 나름대로의 연구를 수행해야 하기 때문에 항상 특정한 천체만을 관측하는 경우가 대부분이다. 따라서 새로운 소

깜짝과학상식

밤하늘의 별똥별은 왜 생겨날까?

유성들 혹은 별똥별은 우주에서 빠르게 움직이는 물질덩어리이다. 이것들이 지구의 대기권에 도달하면, 곧바로 타서 없어져 버린다. 속도로 인한 공기 마찰력이 너무 커지기 때문에 밝고 뜨겁게 되어서 결국 타 없어지는 것이다. 이렇게 타 없어지는 모습이 밤하늘에 빛나는 점으로 나타난다.

하늘이 너무나 밝아서 유성을 볼 수 없을 뿐이지, 유성은 낮 동안에도 존재한다.

행성이나 혜성 또는 새로운 별의 발견 등은 자유롭게 모든 하늘을 관측하는 아마추어들의 손에 의해서 이루어지는 것이 보통이다.

그러나 우리나라 아마추어 천문가의 활동은 아직 미흡한 수준으로 생각된다. 달의 운석 충돌 순간 또는 화산 활동을 관측하리라는 열정을 가지고 밤하늘을 관측하는 아마추어 천문가의 수가 많아질수록 우리나라 과학기술 수준은 높아지고 밝은 미래가 약속될 것이다.

생각할문제

달에는 운석의 충돌로 형성된 많은 수의 운석 구덩이가 있으며 같은 과정으로 생성된 운석 구덩이는 지구에도 많이 발견된다. 지구에는 확인된 것만도 약 100개가 넘는데

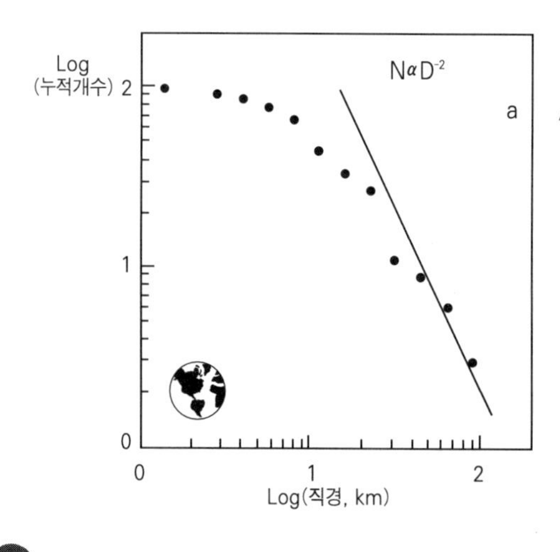

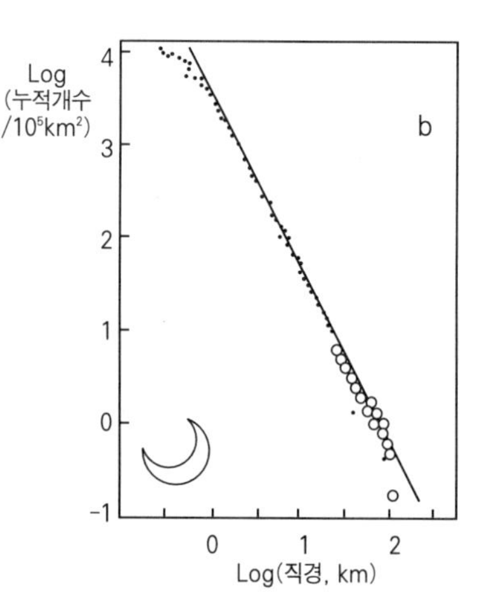

그 시기는 대체로 고생대 이후 형성된 새로운 것들이다. 그림은 지구와 달의 운석 구덩이의 크기와 누적 개수의 관계를 나타낸 그래프이다.

다음 중 이 자료를 해석하여 얻은 결론으로 옳은 것은?

① 달에는 풍화 · 침식작용이 활발하여 운석 구덩이가 많이 분포한다.
② 지구에는 풍화 · 침식작용이 활발하여 운석 구덩이가 많이 분포한다.
③ 달의 운석 구덩이는 크기가 큰 것이 작은 것보다 더 많다.
④ 지구의 운석 구덩이는 크기가 큰 것이 작은 것보다 더 많다.
⑤ 지구와 달의 운석 구덩이의 크기 분포는 서로 같다.

| 해 설 | 그래프에서 y축은 누적개수를 나타낸 것이므로 지구에서는 10^2, 달에서는 10^4개 정도 분포하는 것을 알 수 있으며, 지구에서는 10km 정도의 크기에서부터 그래프의 경사가 급격히 완만해지는 것으로 보아 크기가 작은 것들이 상대적으로 적은 것을 알 수 있다.

그래프의 축이 지수함수로 표시된 점에 유의한다. ①, ②에

서 달에는 지구보다 운석 구덩이의 개수가 많으나 달에는 대기나 물이 없으므로 풍화 · 침식작용이 활발하지 않다. ③에서는 달에는 크기가 작은 것이 많이 분포함을 알 수 있으며, 지구에는 상대적으로 크기가 큰 것이 많이 분포한다. 이것은 지구에서는 풍화 · 침식작용이 활발하게 일어나므로 크기가 작은 것은 훼손되어 발견되기 힘들기 때문이다.

고교생이 알아야 할

지구과학 스페셜

EARTHSCIENCE SPECIAL

초판 1쇄 발행 | 2001년 4월 30일
초판 4쇄 발행 | 2008년 2월 25일

지 은 이 | 이 석 형
펴 낸 이 | 신 원 영
펴 낸 곳 | (주)신원문화사

주 소 | 서울시 강서구 등촌 1동 636-25
전 화 | 3664-2131~4
팩 스 | 3664-2130

출판등록 1976년 9월 16일 제5-68호

* 잘못된 책은 바꾸어 드립니다.

ISBN 89-359-0979-3 43450